学一次用一辈子的
思维导图

孙易新 著

北京联合出版公司
Beijing United Publishing Co.,Ltd.

作者序

生活中的实践，才是最有效的学习

思维导图法可以帮助学生用来准备读书考试，在职场上用于工作计划与问题分析等。然而……

我是一个家庭主妇，思维导图法可以用在与家人、孩子的沟通或家事上面吗？

我是一个美食爱好者，思维导图法可以帮助我享受人生吗？

例行性的工作让我感到倦怠，思维导图法可以让我的生活变得多姿多彩吗？

思维导图法可以让传统民俗活动更有创意吗？

思维导图法可以帮助我改善人际关系吗？

运动健身也可以使用思维导图法吗？

相信每一位思维导图法爱好者都很希望在生活中的各个领域活用思维导图法，却往往不知如何着手，就算画出了一张思维导图，也不确定自己做得对不对。

看到别人在书上或通过网络分享的思维导图，大多也只是说思维导图有多好、对他的帮助有多大，但看不到描述说明其思考与绘制思维导图的过程，让人只能心中羡慕，而无从学习操作的技巧。

为了让读者轻松掌握思维导图法在生活中各种场合的应用，并能够开始着手模仿，逐渐有所突破，最后达到将思维导图法内化成自己能力的理想境界，所以，有了这本书的出版。

本书总共分成四个部分：

首先针对学习思维导图法常见的误区与困惑为大家做个解说，厘清盲点，除了有助于后面篇章的阅读、理解，也能建立学习思维导图法的兴趣与信心。

接着分别从“个人成长”“家庭生活”与“职场工作”三大领域，收录我的学生在日常生活中的实际案例，并由学生自己为大家说明为何画与如何画这张思维导图，以及这张思维导图带给他们的效益。

同时，我会针对每张思维导图的应用案例进行点评解析，让大家知道它的优点在哪里，以便模仿；有什么缺点，以后要小心注意，避免犯同样的错误；怎么修改会更好，或进一步举些类似的应用案例帮助大家学习成长。

今天，我的学生们不吝将自己的案例与各位读者分享，我在此除了表达深深的谢意之外，也相信通过分享，他们能检视自己的学习成效，并提升思维导图法的技巧。因此，我也非常欢迎大家加入思维导图法的学习社群，与更多 MindMapper 分享自己的学习与应用心得。相关学习的信息与社群联结点，在我们的官网（www.mindmapping.com.tw）有详细说明。

再次温馨提醒，阅读本书的同时，请根据书中案例主题或每篇最后的延伸应用建议，试着套入自己的情境，动手将思维导图法应用到日常生活中。因为，唯有生活中的实践，才是最有效的学习！

孙易新

目录 CONTENTS

01 初学思维导图法 20 问

常见的困惑与误区

「观念认知篇」

「操作技巧篇」

个人成长——思维导图法的生活应用之一 02

03 家庭生活——思维导图法的生活应用之二

04

职场工作——
思维导图法的生活应用之三

你，是否有这些困扰呢？

- 听说思维导图法对各方面学习有很大的帮助，还可以做很多的应用，可是却不知道从哪里下手？
- 大概了解思维导图法是将一些信息做出分类，但同样的内容好像可以归纳出不同的类型，相同主题也可以衍生出不同的类别，该如何选择比较好呢？
- 在一张思维导图当中，是只要列出主要思考的方向与重点关键词就可以了，还是要把很细节的内容也放进去？

……

刚接触思维导图法的朋友，学习时多少都会出现一些困惑，偶尔会卡住，不知道如何疏通才好。如果这些疑问也发生在你身上，千万别太担心。在这本书当中，我将以生活中（包括个人成长、家庭生活、职场工作）的诸多案例为大家解惑，同时也为初学者提供模仿练习的应用范本！

准备好了吗？

首先，就从解惑与厘清开始……

01

初学思维导图法20问

常见的困惑与误区

自 1989 年接触、学习思维导图法之后，我的工作与学习都产生很大的转变，进而我在 1997 年到英国博赞中心（Buzan Centres）参加师资培训班。结业后，我于海峡两岸从事思维导图法课程的培训工作，为提升华人在全球的竞争力尽一份绵薄之力。

大家一定会很好奇，我这一路走来都很顺利吗？特别是在思维导图法的使用上，没有碰到困惑、盲点吗？在应用时，难道都没有感觉到受限吗？

答案是："当然有。"

我在使用的过程中曾经遇到许多困惑，例如：不知道如何选择合适的关键词；明明清楚颜色、图像很重要，却不懂要如何应用才能真正有帮助……在教学过程中也碰到有学员提出思维导图法要如何用在论文写作、跨主题的数据收集整理、项目管理等问题上；而我自己也怀疑，指导大人跟教小朋友思维导图法的教材、方式都一样吗？

基于上述原因与困惑，我后来分别在 2004 年进入实践大学企业创新发展研究所、2009 年进入台湾师范大学社会教育研究所继续进修。本书出版的主要目的在于，让大家可以从案例的分享与解析中学习，通过仿作轻松灵活地应用在生活当中。因此，在本书的第一部分先为大家说明初学者常见的困惑与误区。

Q

有杂志报道思维导图法被全球超过两千家以上跨国企业采用，它真的有那么神奇吗？

A

其实，思维导图法一点儿也不神奇，神奇的是我们的大脑。思维导图法只是一种让大脑能依照最自然的方式去思考事情、记忆事物的方法。

我们的左脑比较擅长处理文字、数字、逻辑、分析等；右脑则喜好图像、色彩、想象力等。科学研究显示，人类的大脑在处理任何一件事情的时候，不会只使用右脑或左脑，而是左右脑一起巧妙协调工作。

传统上我们以条列方式书写文字和数字，偏向只用到左脑的功能，这并不符合大脑运作的天性。思维导图法的主要工具——思维导图，用到了文字、数字、逻辑、分析，以及图像、色彩、想象力、空间等元素，充分运用到左右脑的心智能力，让思绪更敏锐、头脑更灵光，不仅对提升逻辑分析、创意思考、人际沟通有帮助，也能强化记忆力。因此，许多跨国企业为提升组织绩效与员工的能力，才纷纷将思维导图法课程列入员工教育训练计划。

Q

已经有号称大脑瑞士刀的思维导图了，我还需要其他的工具、方法吗？

A

当然需要。思维导图法只是提升思考力与学习力的主要工具，我们得视情况搭配其他的工具，甚至结合不同的方法，才能彻底发挥其效用，让效果更为彰显。

在认知形态上，虽然大部分的人偏向视觉图像，但也有些人是偏向文字形式的。同时，在特定场合或依据工作的性质，大家会偏向使用比较熟悉的某种工具，例如在分析与解决问题时，习惯采用鱼骨图；分析解释某个知识架构时，习惯采用概念图；呈现某个结构化的概念时，习惯采用树状图。我们只要能掌握思维导图法的操作策略，就可以使用其他的图解工具，以符合特定的情境或大众的阅读习惯。

此外，**思维导图终究只是个工具，在应用上得依据目的性采用适当的策略**。例如读一本书，我们得先确定阅读策略，再以思维导图整理书本的知识；构思一个大型或复杂的活动，得确定项目流程与涵盖的知识领域，然后以思维导图记录项目计划书等。**这种如何提升吸收知识、思考事物、解决问题的方法，才是我们该关心的重点，也是我一直强调的思维导图“法”**。

Q

我很喜欢画思维导图，但往往要花很长时间才画出一张图，这样是对的吗？

A

我不认为这世界上的事情都可以很简略地以对、错区分，而是要看这件事情是处于什么样的情境脉络之下，才能说它适不适当。

例如有人花了好几个小时画一张禅绕画，你认为他在浪费时间，但他觉得压力得到了缓解、心灵获得了疗愈。所以，如果花很长时间去画一张思维导图，自己并不在乎时间成本，也不讲究所谓的效率，从画思维导图的过程得到自己想要的，那又何妨？

但话说回来，今天我们学习思维导图法、使用思维导图的主要目的是什么？依我的经验观察，大多数人是为了提升读书学习的成效、工作管理的效率等，**花多少时间并不是重点，重点在于这张思维导图是否达到预期的效益。**

举例来说，过去我在读博士期间，为了每周上课时的作业报告，平均都得花二至五小时整理一篇论文或一本书的重点内容。或许采用传统条列式的笔记，也是差不多的时间，但我却可以更系统化、结构性地梳理出一本书的知识脉络，在课堂上做报告时，能轻松说明书中重点；和老师、同学进行讨论时，在跳跃式的思考中能不偏离主题。

Q

从小我就习惯阅读条列式的文章，许多人没用思维导图，还不是一样很有成就？

A

是的，不少杰出人士确实没有使用思维导图，因为今天我们所理解的思维导图是英国的博赞（Tony Buzan）先生在1974年所提出的，在那之前，世界各地已经出现无数个天才与成就非凡的人士。但我们研究发现，虽然他们没有使用博赞的思维导图，却也不会只用条列式的文字来思考事情，而是会运用图像、图表、色彩等充满想象力的元素加以辅助。

因此，我在2014年2月出版的《思维导图应用宝典》一书中，将思维导图法区分为“广义”与“狭义”两种。广义的思维导图法泛指使用关键词、树状结构与网状脉络的组织结构、色彩与图像等元素，用以增进思考能力与学习成效的方法，主要工具是思维导图，但也可视情况采用其他的可视化组织结构；狭义的思维导图法则是把博赞所提出的思维导图作为唯一工具的一种笔记方法。

换句话说，**人类史上优秀的先贤前辈在不知不觉中已经应用到广义的思维导图法**。我们现在虽然以博赞的思维导图作为主要的笔记工具，但也不要拘泥于只能使用思维导图，可依实际情况的需求，采用概念图、鱼骨图、九宫格等可视化组织结构作为笔记的工具。

Q

为什么总觉得向四周发散的思维导图，让我掌握不了重点，无法归纳出具体方案？

A

这是因为博赞提出的思维导图强调大脑可以联想出无限的想法，是一种放射性思考结构（Radiant Thinking），而一般大众所认知的思维导图法也是以此模式为主，才会觉得只能发散，无法收敛。

其实我们必须先厘清，在放射性思考的过程中，其上下文属性可概略区分成“逻辑联想”与“自由联想”。博赞所谓“大脑可以联想出无限的想法”是偏向自由联想模式，而逻辑联想不仅必须具有特定目的性，且展开的分类层次或因果关系都必须“链接”到中心主题。

此外，放射性思考的逻辑联想结构，可以说是一种分析模式，是一种从上到下、从整体到细节、从抽象到具体的结构，但我们在生活中思考事情还有一种模式也是具有逻辑性的，那就是归纳。归纳则是从下到上、从细节到整体、从具体到抽象的模式。

也就是说，思维导图法其实有两种形成思维导图内容的方式，分别是自由联想与逻辑联想；也有两种建构思维导图的模式，一种是由中心向四周展开几个主题，延伸出更多的细节，另一种是从外围细节归纳出若干个主题。

唯有透彻了解思维导图“法”之后，你才会了解如何应用思维导图法掌握重点，在扩散与收敛之间收放自如。这也是本书后面篇章中将通过案例为大家说明的应用原则与技巧。

Q

思维导图从中心向四周展开的放射性思考可无限延展，我该何时结束（收敛）呢？

A

这个问题与上一题有关，也是许多人在画思维导图时常提出的困惑，甚至曾经有人拿着博赞的 *The Mind Map Book* 这本书来问我，书中提到思维导图可从一个主题（书中是以“Happy”为题目）一直无限延伸出我们的联想，那么是不是就可以永无止境地联想下去，没有停止的时候？

博赞先生在书中说得完全没有错，但他没有讲清楚这个案例是应用在自由联想的场合，以及他所要强调的是“我们大脑的联想有无限的可能性”。

在进行逻辑分析时，思维导图会因我们的目的性或任务需求，而有暂停或结束的时候。例如采购列表，属于东西分类的结构，从“肉类”可以往下层延伸出鸡肉、猪肉、牛肉，“鸡肉”又可延伸出鸡腿、鸡胸、鸡翅，如果再往下就是购买的数量或金额，并不会无限制地延展下去。

不过，请不要忘记，在思维导图当中的任何一个关键词，都可以成为另外一个全新思考的起点。

Q

学校的老师都教孩子画思维导图了，还需要让他们到外面上课学习吗？

A

这个问题就好比学校已经教游泳了，我还需不需要让孩子另外去学游泳。答案取决于自己想要让孩子学习到什么样的程度。

如果只是粗略理解思维导图的笔记方式，那当然在学校所学习的就够了，因为**学校老师基本上不是教思维导图法，而是以思维导图法来进行学科教学。**老师的目的是通过思维导图法让学生更有效率地学习课本的知识，而学生是在潜移默化中学习到思维导图法。

在这个过程中，孩子对学科的学习效果确实是可以提升，但不见得每一位学生都能真正掌握思维导图法的操作技巧。如果你希望孩子能自己运用思维导图法来整理读书笔记、培养孩子有更好的自主学习能力，那还是有必要到专业培训思维导图法的机构去做进一步的了解与学习。

Q

思维导图是自己的笔记，不用拘泥于规则，只要自己看懂就好了？

A

思维导图的英文叫作 Mind Map，其概念定义是 Map of Your Mind，就是反映出我们心智模式的一张图。

如果你只是拿它作为一个记录事项的笔记，当然主要是自己能够看懂就好。像我们平常在办公桌上不也会在一些空白纸上随手记录一些事情，记录方式就是自己可以看得懂的，而事情一旦处理完就把它揉到垃圾桶吗？

你的思维导图笔记，如果只是要求达到这种简单的功能，自然可以不用太拘泥于规则。但是，你若想要这张思维导图具备更深层的意义与功能的话，例如问题分析、构思项目、创意思考，甚至还要兼具思考能力的培养，那么思维导图法的规则就有它的重要性与必要性了。

Q

不就是画一张树枝状的组织结构图吗，顶多一天、半天，甚至一小时就能学会吧？

A

是的，画一张树状图真的不需要花很多时间来学习，最快一小时，慢的话也只要三小时左右，你就可以画出一个样子了。如果用计算机软件来画，速度会更快，尤其本身若熟悉计算机的操作，顶多学上半小时，大概就会用计算机绘制思维导图了。

但是，如果你今天想要学习的是思维导图法，由于过程涉及思考层面的讲解、实际演练等训练，以及结合各种学习或职场应用的策略，这时随着我们想要学习的应用领域范围有多少，学习的时间也会延长。

换句话说，思维导图法的学习，它的层面涵盖了知识的获得、技能的训练以及意志的培养，是比较难一蹴而就的。

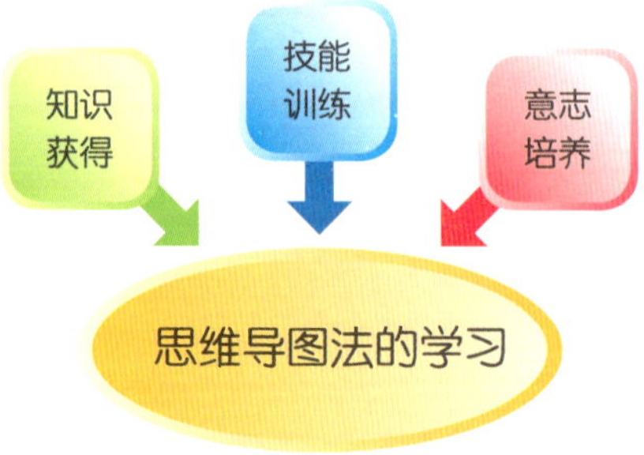

Q

用计算机软件制作思维导图笔记就好，不用浪费时间去手绘思维导图吧？

A

软件制作思维导图笔记有它的优点，也有它的限制；同样地，手绘思维导图有它的优点，也有它的限制。我们**必须依据应用的情境，选择较能发挥效益的方式。**

软件制作的思维导图适合大量信息的整理，有方便修改内容、档案容易储存等优点；手绘思维导图在绘制的过程中充满愉悦感，对内容记忆的效果较佳，且能激发出意想不到的创意。

例如读博士期间，需要阅读大量文献并梳理出脉络，我就是采用 XMind 来整理笔记；更早之前为了准备考博，虽然也是用计算机软件做读书笔记，不过对于内容中光是理解、考试不见得写得出来的部分，譬如说明“不同学者针对全球化议题理论观点的共同与相异处”，这种需要记忆的情况，我就会采用手绘方式强化记忆效果。

小补充

在常用的思维导图软件中，XMind 属开放源代码的自由软件，提供免费下载，在思维导图爱好者中使用率很高。这套软件除了具备完整绘制思维导图法的功能，也包含鱼骨图、组织结构、树状图、逻辑图、二维表格等结构，非常适合作为思维导图法的工具。

＊下载网址 | http://www.xmind.cn.

Q

书上说思维导图是从中心图像开始，自由地延展出想法。但我经常会想出一些不切实际的东西，或是画好中心主题就卡住了，怎么做才能开展出去呢？

A

再次强调一下，思维导图法的思考模式分为自由联想与逻辑联想，或许有人认为写出一些不切实际的东西是在鬼扯，浪费时间，其实不然。

这正是自由联想的重要功能之一，就是“创新思考”。自由联想可以让我们不受拘束、充分发挥想象力、突破既有的思维框架，往往会产生出人意料的好点子，特别是在产品创新、创意问题解决等情境之下。

做自由联想时，如果脑袋卡住了，你可以根据思维导图当中任何一个关键词，从人、事、时、地、物和五官感受等方向，发挥做白日梦的本领，自由自在地写出当下的感觉或想法。

做逻辑联想时，如果脑袋卡住了，你可以从想要探讨的议题切入，然后根据“高频优选”（在这个议题上大多采用何种框架）的原则来展开思维。例如活动规划、问题分析常见的“5W2H”；分析大环境的“PEST”；自我分析的“SWOT”或“SWOCE”；改善作业流程的“PDCA”等。

Q

我已经掌握画思维导图的技巧，也会用它来整理读书笔记，但在工作应用上却常常不知如何着手

A

延续上一个问题，我要再一次强调笔记的功能，依信息的接收或提取可以分成两种：一种是把别人的想法透过思维导图笔记记录下来，例如阅读书籍或听演讲的学习笔记；另一种则是提取自己脑袋里面的想法，例如工作计划、项目管理、问题分析与解决等。

在思维导图笔记的应用上，整理读书笔记是比较好下手的，因为书籍本身就有章、节、段落、标题等清晰的结构，我们可以用来作为思维导图的分类阶层架构，一层层整理出自己的学习笔记。

但是在职场上，其应用层面千变万化，就算是套用常见的 5W2H 作为从思维导图中心展开的第一阶主题，也需要选择这七个主题要从哪一个开始。在项目的范畴管理或问题分析与解决的场合，考虑的顺序也会不一样。而同样是应用在工作计划上，例行性的工作与创新性的工作计划又不相同。

这时候我们就会发现，光有思维导图是不够的，还得再结合管理学上的一些策略。那么究竟该怎么做呢？本书后面的篇章会以实际的应用案例来为各位做详细解说。

Q

要如何选择适当的关键词写进思维导图？如何取舍关键词？

A

由于思维导图法是缘起于语意学的一种思维模式，在语言表达、人际沟通当中，一个句子必要的词语是名词与动词。因此，思维导图中词语的选择是以名词与动词为主，修饰词或连接词可省略，除非是必要的。

一张思维导图里面的关键词要丰富或精简到什么程度，与思维导图使用者（绘制者）对这个主题的背景知识了解程度有关。如果是很熟悉，关键词可以尽量精简；若对这个题目很陌生，那么就有必要多撷取一点儿信息。

其判断技巧就是，在省略掉某个关键词的时候，对于内容理解不会有任何影响，就可以省略；相反地，如果省略这个关键词，我们在阅读这张思维导图时会产生疑惑，就有必要多写几个关键词，以免做出错误解读。

Q

五颜六色的思维导图好吸引人，但在色彩使用上是否有什么原则？

A

颜色在思维导图法中有两种功能：一、在视觉上区分不同的类别；二、在意涵上代表心中对某一类别的感受。

倘若只打算达到第一种功能，在视觉上区分类别，就可以很随兴地用色，或是让计算机软件自动为我们绘制的思维导图配色。

但如果想要达到第二种功能，透过颜色表达内心的感受，就必须思考这件事情或这个类别对我们而言，用什么颜色来表现会比较贴切。当我们透过颜色融入情绪感受在一张思维导图当中，这张思维导图对我们来说，会更具有意义，在思考时能激发更多的创意，在读书学习时提升对内容的记忆。

小补充

绘制思维导图，以 A4 或 A3 白色纸张为首选。使用工具以 4 色原子笔最为方便携带，4 色荧光笔便于标示关键词，8 色以上水性笔可用于表达对不同类别概念的感受性，12 色以上铅笔可以在插图与线条上增加美工效果。此外，图像最好能用到三种以上颜色，或借由线条、文字不同的颜色吸引目光、表达感受，以达到增进记忆的效果。

Q

思维导图似乎比条列方式好，但为什么总觉得效益没想象中的大，和其他图解思考工具也没太大差异，甚至感觉很杂乱？

A

这大多是由未能掌握思维导图法与其他图解工具的差异所致。思维导图法是一种有效处理信息的方法，思维导图则是记录我们从主题所展开的思维内容，并强调在每一线条上书写简洁的关键词，而不是一长串文字，以免阻碍思路，所以最好每一线条上只写一个词语，除非是不可分割的概念，才写成一个小短句。

每一线条上只写一个词语，在创意发想时可开启思考的活口，在信息收集整理时，也可以有更好的弹性与统整性。

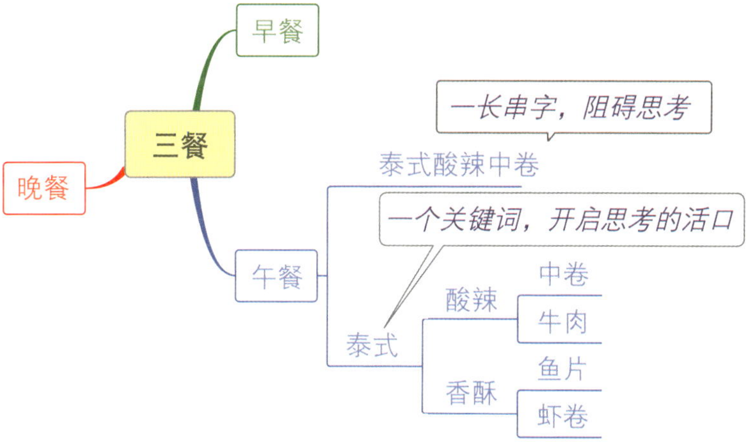

图 1-1　一个关键词的优点：开启思考的活口

Q

进行分类时，碰到不同的条件或状况，上下位阶顺序好像可以对调，我该怎么排列比较好？

A

这种情况大概不会出现在大、中、小类的场合，而是在不同的条件或状况处于彼此“包含”或“包含于”的关系时比较容易发生。

思维导图法的分类原则是，上位阶代表重要的、抽象的概念，下位阶代表具体事物，重要性相对较低。

从以学校为主题的这一张思维导图中，我们可以看到“老师”和“操场”这两个关键词可互相对调，而且对老师的描述也都正确且相同。但是从思维导图法的观点来看，在意义上却是有些不同的，当把老师放在上位阶的时候，表示我们比较重视的是“人”；如果把操场放在上位阶，则表示我们比较重视“场地”。

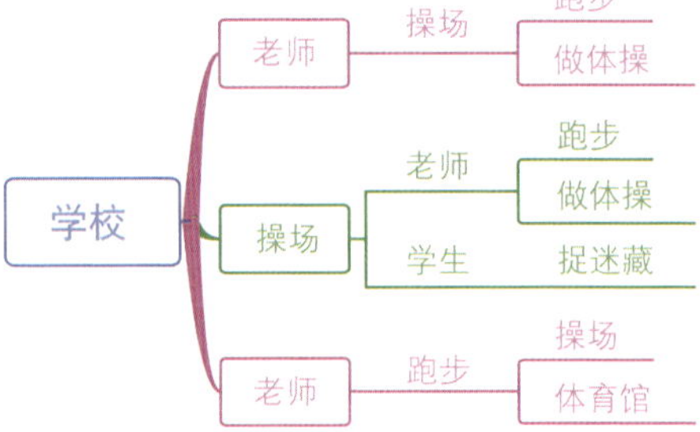

图 1-2　分类的上下位阶原则

Q

我不太会画图，思维导图法可能不适合我用吧？

A

我遇到过很多人是因为喜欢画画，才来学习思维导图法的，特别是小朋友，所以会提出这个问题的大部分人都是成年人。因此，我就从两个方面来回答：

第一，我们要学习的是思维导图“法”，这不是一堂画画课，要教给大家的是思考模式，不是绘图技巧。过去有太多人误认为思维导图一定要画得很美丽，使得许多不擅长画图的人因此却步，而让有美术天分的人沾沾自喜。但我仔细研究几张画得很漂亮的思维导图，发现在分类阶层概念或因果分析推演关系上，有逻辑混淆的情况，如果应用在自由联想的场合也就罢了，若是要用在工作计划、问题分析、读书笔记等讲求逻辑的场合，反而失去思维导图“法”应有的功能性。

所以不用担心图画得不漂亮，**只要能够掌握思维导图法的原则与精神，可以采用计算机软件来辅助绘制；手绘思维导图，例如创意发想或知识记忆的时候，运用简单的插图标示重点位置与联想内容即可满足需求。**甚至有些思维导图法的高手，可以不在纸上画出思维导图，而是通过想象力在脑海中浮现思维导图。

第二，想要真的增进手绘思维导图的能力，可参考市售简笔画书籍，或报名参加各大学进修推广部、艺术培训机构所举办的插画、铅笔画课程，一期几个星期下来，画插图的功力必可大增，你也能画出美美的思维导图。

Q

小学的老师指定孩子要用思维导图整理学校功课，我如何检查他画的思维导图是否符合老师的要求？

A

我相信学校老师会希望孩子使用思维导图法来读书学习，目的在于帮助孩子更有效率地进行学习活动。因此，先不要看思维导图画得怎么样，而是先检视是否达到学习课本知识的目的。身为家长的我们，应检查孩子在制作思维导图学习笔记之后，是否理解课文意思、记住文章重点。

Q

我希望孩子习惯使用思维导图法，让他读书、学习更轻松。在日常生活中如何带领孩子融入应用？

A

请牢记这句话："生活化之后，再课业化！"书本其实是将生活中的点点滴滴以文字、数字、符号等记录下来。孩子普遍不愿意增加课业负担，如果他们觉得学习思维导图法是一项额外的课业，就会增加抗拒感。因此，可先从生活上的应用着手，例如以思维导图画出家族成员；每周去市场买菜前，一起以思维导图列出采买清单；假期全家出游，以思维导图规划旅游行程等。

Q

我的工作又不需要用到图像，没有必要在思维导图当中加插图吧？

A

图像可以增加美感，提升视觉上的效果，在思维导图法的运用原则上，插图的目的是要突显重点关键词所在位置，帮助记忆内容中的重要知识。如果你的思维导图并不要求这两项功能，那么全部都是文字的思维导图有何不可？

别忘了，思维导图是我们工作或学习时的工具，千万别掉入追求“美美的思维导图”的迷思。

由于这是初学者常会产生的困惑，甚至成为学习思维导图法的一个严重误区，因此针对这个问题，接下来我会用较长篇幅多做一些说明。

我们人类处理信息时的风格或倾向，与个人的偏好有关，有人偏好文字，有人则是偏好图像。**思维导图是一种结合文字与图像的可视化组织结构，为了适应不同的认知风格及使用的目的性，在运用思维导图作为学习或思考的工具时，可以弹性地在全文字思维导图、全图思维导图、图文并茂的思维导图之间做出调整。**

全文字思维导图

针对语文导向型的人或纯粹知识的记录，初期可采用全文字的思维导图；慢慢熟悉思维导图法的应用技巧之后，可以在线条上融入色彩，以区分不同类别的信息，表达感受；然后在特别重要的关键词上以符号或图标来标示即可。

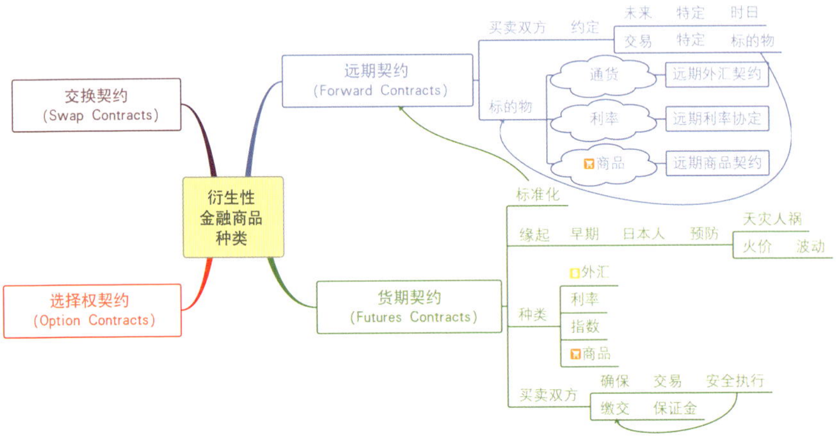

图 1-3a 全文字思维导图：商品介绍

全图思维导图

如果需要与他人有更多互动，希望对内容有更好的记忆效果，或讨论的主题能激发出更多的创意，这时候以全图思维导图来呈现信息是不错的选择，它也很适合视觉导向型的人使用。

图 1-3b　全图思维导图：自我介绍

图文并茂的思维导图

我根据多年在教学过程中给学生所做的认知风格测验结果，发现大多数人不会是极端的视觉导向型或语文导向型，而是会比较偏向某一边，而且是以偏向视觉导向型的人居多。因此，图文并茂的思维导图就有它的优势。

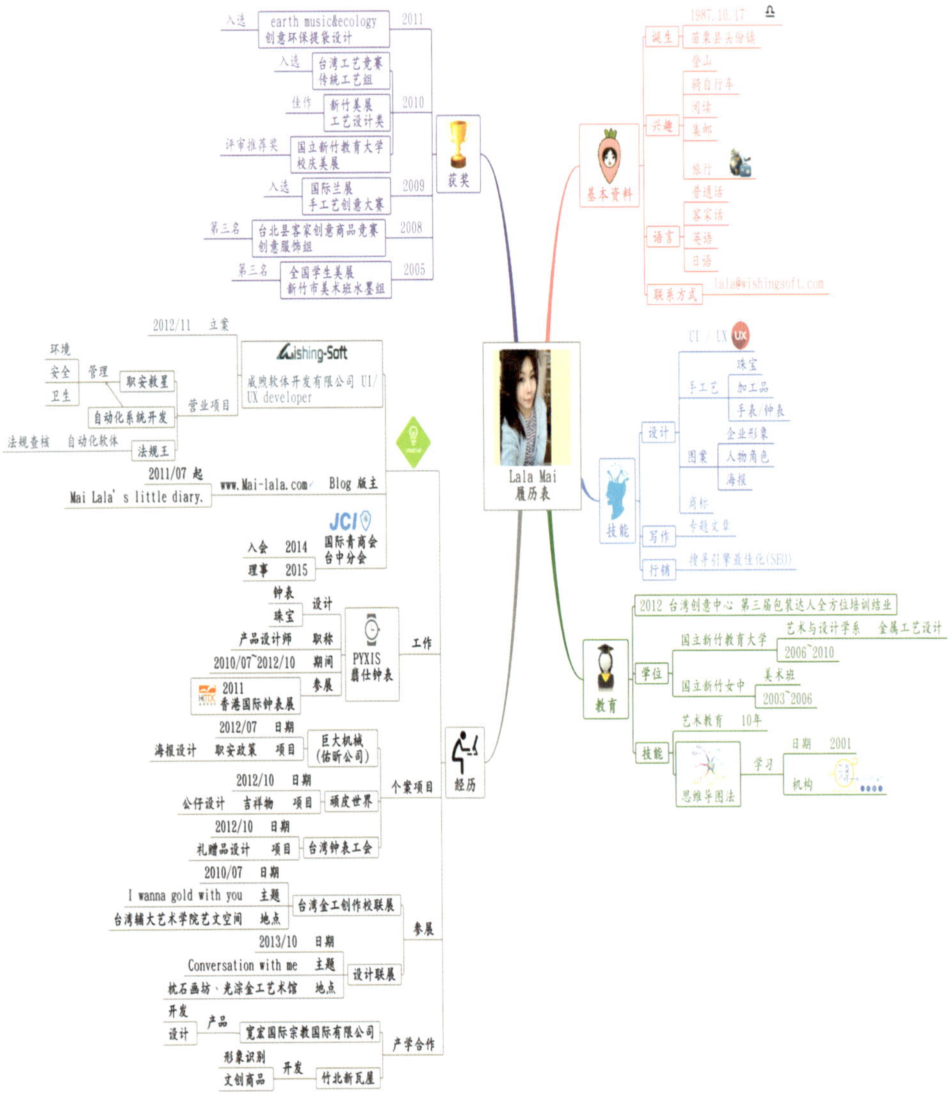

图 1-3c　图文并茂的思维导图：求职履历表

以上是针对思维导图法初学者常见的困惑与误区进行的一些说明。如果你想进一步深入了解思维导图法的理论背景与操作定义，请参考我的《零基础思维导图法》与《思维导图应用宝典》这两本书。

02

个人成长

思维导图法的生活应用之一

修身、齐家、治国、平天下，乃为人处世的基本条目，由个人之“明明德”做起；发挥到“亲民”，以达到“止于至善”的境地。

换句话说，修身就是把自己的言行思维模式培养好。

思维导图法是一种心智的智慧与心理状态，呈现出了情绪、信仰、信念、意象、欲望、思维意图与知识等，对巩固言行思维模式有其功能性。例如应用在读书笔记、知识管理、巩固记忆、自我省思、人际沟通、时间管理、问题分析、计划构思等方面。

本书第二部分将以几个实际案例，为大家解析思维导图法应用于个人成长领域的原则与技巧。

1 应用

人际关系相见欢

社交场合中，在他人心目中留下良好的深刻印象，相信是每个人所期望的，也是建立人际关系的关键。“介绍自己”通常是互动的开始，但实际情况是，他人在做自我介绍时，我们不是在思考等一下要讲些什么，就是记不住别人所说的内容。同样地，别人大概也记不住我们所做的介绍。要如何才能轻松准备讲稿，与他人进行更好的互动呢？以全部都是图像的思维导图，作为与人互动时的可视化媒介是一种不错的选择哦！

自我介绍 ▶▶▶

图 2-1a　自我介绍：全图形式的思维导图

刘珈安

小学六年级

孙易新思维导图法儿童班结业（2016 年）

自我介绍是让别人认识你的最好机会，而我如何用一张纸介绍自己呢？许多人可能会写很多字，让人读得很累，但同样利用一张纸，我“画”出来的思维导图简单易懂，却也不失自我介绍的意义。

这张“自我介绍”，我最先画的是中心图像，将姓名以图画方式在中间呈现，让阅读这张思维导图的人先记住我的名字。我画了一个女孩正流着汗做瑜伽，上面的爱心代表十分心安，就如同我的名字——刘珈安（流着汗做瑜伽感到很心安）。

接着，绘制思维导图主干线条，我在“就读学校”的主干使用的色彩是绿色，因为我们学校种了许多植物，媲美一座森林，分支画上校徽可让别人知道我念的学校，还有我的制服显示出我的班级；而“兴趣”使用红色绘制，代表着自己热情的喜好，让人看图就可以知道故事；使用蓝色作为“我的生日”主干颜色，是因为我觉得蓝色宛如湛蓝大海，人生就像海洋般广阔无际；最后的“才艺”使用银色主干，这个颜色代表着独特，我的才艺是与众不同的，分支再画上擅长的乐器让人一目了然。

通常我都是先绘制完第一阶的主要主题之后，再一一画上分支主题的内容及细节，每次画思维导图都会觉得很开心。而这张自我介绍的思维导图不仅简单易懂，而且阅读起来也会让人感到十分有趣，令人想要继续看下去。因为呈现方式的与众不同，除了可以让人一目了然之外，别人也会对我印象深刻，这就是我喜欢使用思维导图的原因。

孙易新老师点评

珈安同学以全图形式的思维导图来呈现她的一些个人资料，包括姓名、就读学校、兴趣、生日与才艺。以图像来表达信息，可以采用谐音与意义两种方式。珈安在中心主题的图像以谐音方式说明她的姓名，让人容易记忆；就读学校、兴趣、生日与才艺则采用意义的联想，这样能清楚表达相关的信息，不至于被误解。

这种全图形式的思维导图，适用于与现场其他人互动解说，以及内容记忆的场合。倘若只让他人阅读，谐音的联想图像恐怕会造成误解。像这种场合使用图像最好采用意义的联想，以图文并茂的方式呈现，也就是在构思内容时，先用文字把想法写出来，然后在特别重要的关键词旁边或上方，加上能产生意义联想的图像，这样别人就很容易看懂内容，也能注意到重点信息在哪里。

图 2-1b　自我介绍：图文并茂的思维导图

延伸应用：公司介绍、产品介绍

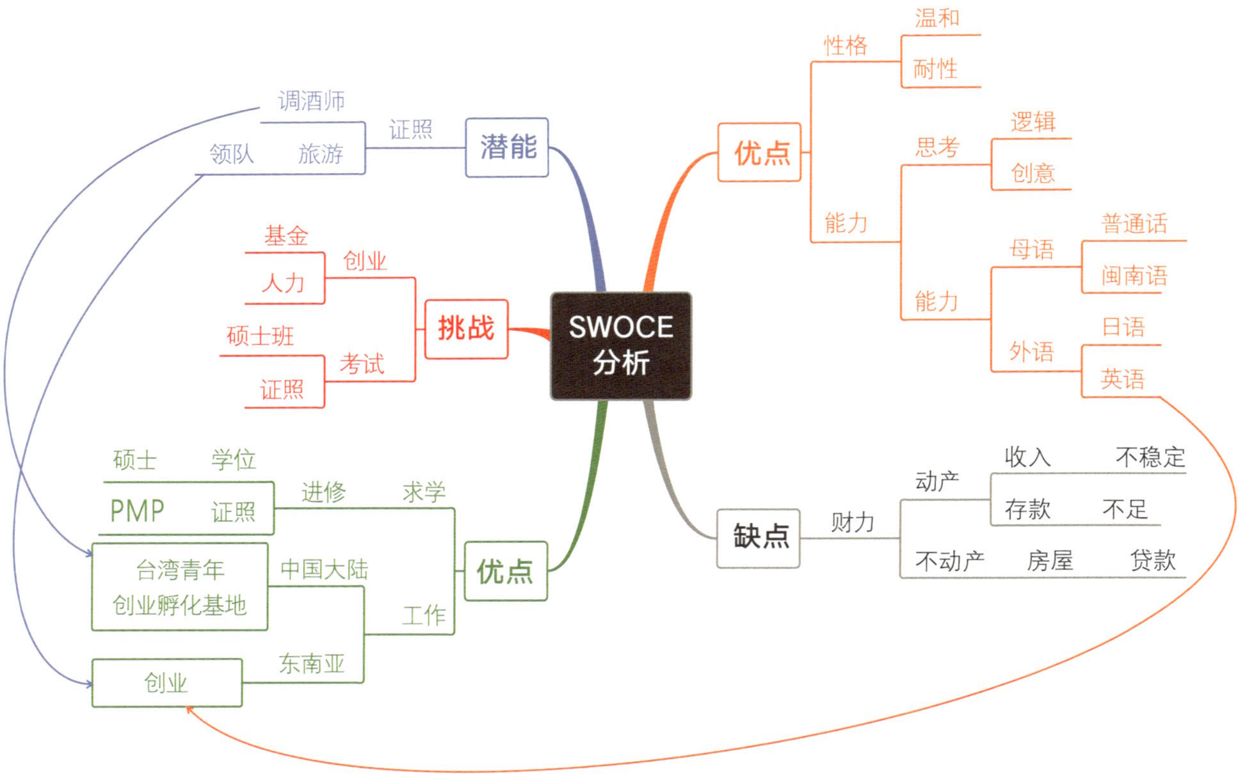

图 2-2a　自我省思：SWOCE 分析

2
应用

自我省思与收获

古时候，自我省思是为学为人的基本功夫。

有“西方孔子”之称的哲学家苏格拉底也说过：“我最大的智慧就是知道自己无知。”像这样能够经常自我反省，才能培养高尚的人格。

可是很多人一定跟我年轻的时候一样，不知道该从何反省起，或是脑袋里一大堆自己做得不够好的地方，却无从下笔。直到后来接触、学习思维导图法，我了解到“分类”与“提取关键词”是思维导图法的核心概念，就经常会用像本书第 34 页这张思维导图（图 2-2a）一样，从优点、缺点、机会、挑战、潜能等几个方向去省思自己的状况，制订出解决的策略方针。

难怪曾子会说：“吾日三省吾身：为人谋而不忠乎？与朋友交而不信乎？传不习乎？”就是在告诉我们每天必须从做事、交友与学习三个方向去检讨自己。

除了从固定的模块去思考，我们也可能因日常生活中阅读某篇文章而触发心中的一些悸动，这时也可以立刻拿出纸笔，根据当下的灵感或文章的启发，将心中的想法记录下来。接着我们借由珊妮“探寻生命的意义”这张思维导图，来看看自我省思的过程以及绘制思维导图的步骤。

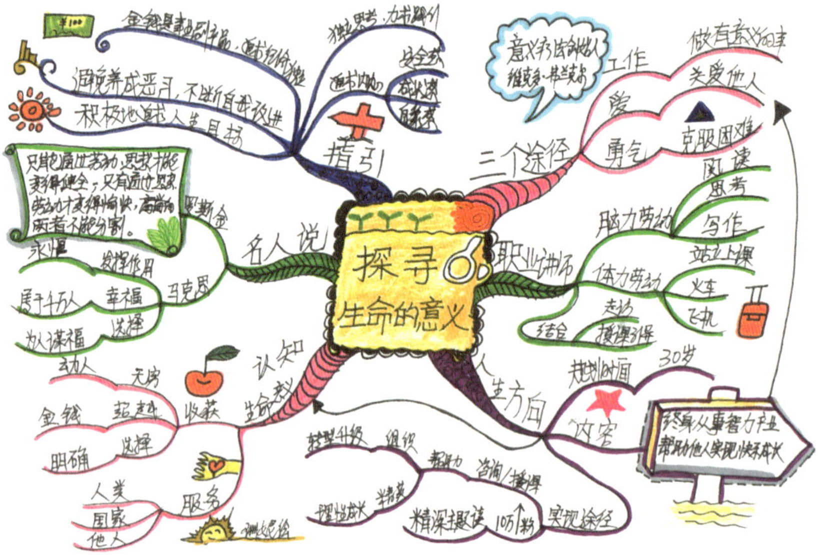

图 2-2b　自我省思：探寻生命的意义

吴珊珊（珊妮）

思维导图法技能传播者

孙易新思维导图法职场应用基础班（2017 年）

五一当天，与家人饱餐之后，我需要点儿精神食粮，打开微信，看到了刘百功老师的文章《探寻生命的意义》。读完后，我似乎茅塞顿开，领悟由生到死之间，该如何有意义地活出自己。我想将文章内容全部记忆于心，并在落笔绘制思维导图时，可以产生一些共鸣。

于是我先通读全篇文章，思索它对我的意义之后，找出了一张 B4 白纸和一支针管笔，将纸张横放，在纸张中央绘制中心主题图像——我画了三株刚萌芽的小豆苗，代表生命的喜悦与希望，再用一个放大镜来代表探寻。如果说，这篇文章主题好比是我对生命意义的一颗种子，那中心的黄色背景就是我所描绘的大地色彩。我希望将视觉暂时聚焦在这个主题上，说明我正思考要如何走得更远。

接着我又看了一下文章，在脑中预想怎么对内容进行分类，最后决定将内容分成六个部分。但没有按照文章顺序绘制思维导图，而是根据自己的理解，重新编排内容并呈现在思维导图上。这六个部分分别是：

1. 探寻生命意义的三个途径；

2. 职业讲师的工作说明；

3. 百功老师如何奠定人生方向；

4. 为他带来哪些效益（认知生命意义）；

5. 引出名人说；

6. 读完文章带给我的指引。

分类完毕后，开始落笔绘制主干和分支。我是按照顺时针方向绘制，以中心图为时针的中心，第一个是右边两点钟方位“三个途径”那个粉红色主干，代表人活着是为了寻找生命的意义，加上一个太阳，想表达这个地方是探寻生命意义的开始与终点，拥抱一颗初心。但是也深刻意识到，我在勇气上的不足，于是在分支克服困难的地方用黑色笔画上一个三角。我认为这是我的一块大石头，要去修正。

从第二个主干“职业讲师”开始踏上“探寻生命的意义”之旅，我用绿色来表达，象征付出后的希望。

第三个主干是“人生方向”。文章提到人生方向中“从事的终身事业”恰恰佐证了第一个主题分支内容，于是我用一条实线做指向，表明两者之间的关系。从思维导图上看，人生方向这个分类所展示的所有内容，字数也许不多，但对我而言却是深沉的，要经过重重关卡，达到就是优雅的，因此我用紫色来代表优雅。当你去思考并确定目标之后，一旦行动，就会得到第四个主干，所以我用了一个黑色实心箭头指向第四个主干，代表所有的内容皆源自第三个内容。

第四个主干是“认知生命意义”，就在分支服务与收获这两个关键词那边加了两个图像，用手掌托着一颗红心，代表信念和付出，终将会收获想要的硕果。这个主干也是用粉红色，代表“萌芽于哪里，收获就在哪里”，于是我从这里拉出了一个分支“收获”，就在这里“结果”。

第五个主干“名人说”，其实是表达文章作者的例子，以及伟大人物说过类似的名言佳句，用以进一步佐证实现探寻生命意义的三个途径。而我自己探寻生命意义的问题，画到这里，内心豁然开朗。它何尝不是绿色的？于是再一次出现绿色线条。

第六个主干也就是最后一个主干，是我的“指引”方向，用蓝色代表我的坚定，也是我的使命宣言。

特别要说明的是，我在画思维导图的时候，无论是中心主题图像，还是分类内容，全都是先用黑色针管笔绘制，再进行颜色上的区分，最后才加上关键图。每增加一个元素，不论是增加笔的颜色或关键图像，我的收获不仅是对内容产生强化作用，也让我的思考有了一个更加完善的过程。

总结全篇，在我看完一篇文章，希望用思维导图的形式做一个记录并铭记。当我将想法落笔于纸上，用心绘制完毕时，这些内容的来龙去脉不仅在我脑海中充满着逻辑，也注入了恒久的生命力，它已经像一个故事、像一个剧情呈现在我的脑海。希望这张思维导图能帮助我走得更远。

孙易新老师点评

批判思考是有效的学习策略之一。珊妮在阅读一篇文章时，不仅能与当下生活的经验进行联结，进而反思自己的过去与策励未来的发展，并以思维导图整理出自己的思绪，她的精神与做法是非常难得的，值得大家学习。

思维导图法缘起于语意学，强调每一线条上以书写一个词语为原则，除非是不可分割的概念，譬如说专有名词或名言佳句，若是有这种比较长的句子，在思维导图当中比较好的呈现方式是采用图文框，例如珊妮这张思维导图上三个途径、人生方向与名人说的地方就有出现一长串文字的情形，而珊妮分别以对话框、指示牌与告示牌等图文框形式呈现，这样的做法很好。但如果在指引的分支内容上也能采用图文框记录名言佳句会更好。

延伸应用：分析人格特质、设定人生目标、省思价值观

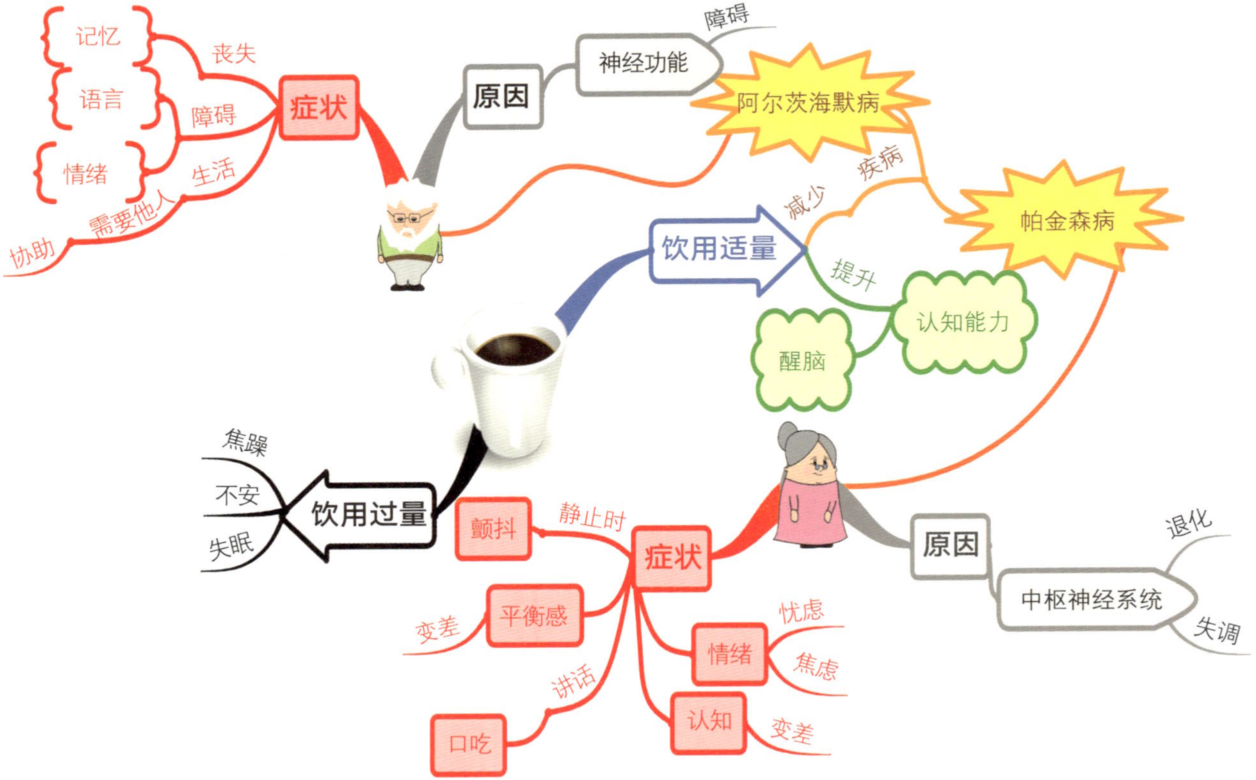

图 2-3a　生活知识：咖啡的功用

3
应用

生活知识一把抓

考试状元，生活白痴。

你周遭有没有这种同学、朋友？

其实从生活中所接触到的事物来学习，不仅能触发更强烈的学习动机，对于理解、记忆也有很好的效果。这是因为发生在日常生活中的点点滴滴，对我们而言是有意义的事情，而有意义的学习才有趣，才能成为长期记忆，所以生活中的经验学习是最有效的学习方式。

以思维导图来整理、记录自己有兴趣的主题知识，不仅好玩又有趣，也能养成终身学习的习惯。

例如，我从年轻的时候就很爱喝茶，近年来也开始喜欢上喝咖啡。但我对咖啡的了解有限，不清楚喝咖啡究竟对我的健康是好是坏。于是我就用计算机软件画了本书第 40 页的这张思维导图（图 2-3a），帮助我认识咖啡的功用。

当元宵节快到的时候，照往例老师都会为学生介绍一下即将到来的节日的由来。任教于青岛第三小学的于鹏老师，决定突破过去条列式的文字说明，改用思维导图的方式跟班上同学进行互动，看看，是不是很有趣呢？

认识元宵节

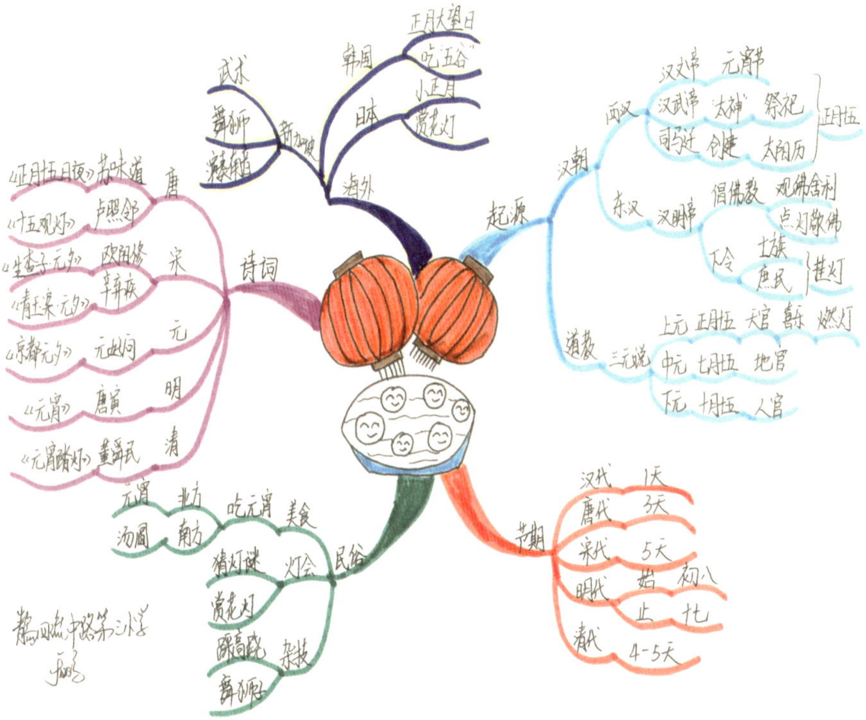

图 2-3b 生活知识：认识元宵节

于鹏

青岛四流中路第三小学教师

山东思维导图法种子教师培训班结业（2017 年）

元宵佳节是我国的一个传统节日，为了让孩子们了解元宵节的由来和习俗，我绘制了“元宵节”这样一张思维导图。

中心图我选用最能体现节日气氛的大红灯笼和元宵，让人一目了然，而通过图像也能了解到这个节日的两个重要特征。

元宵节历史悠久，可以追溯到西汉时期，在汉文帝时就有元宵节了。道教有“三元”说，这也是我们把元宵节叫作上元节的原因。这部分内容在第一个主题分支都有呈现。

古人很重视元宵节，所以在这个节日就会放假，每个时期都有不同的节期，还有一些非常重要的习俗，而这些在古代文人的作品中亦有所体现。实际上，元宵节在海外也是一个很重要的节日，通过对他们习俗的研究，发现与我们的异同。

这张思维导图就是从元宵节的起源、节期、民俗、诗词和海外习俗五个方向进行阐述，从这张图我们可以非常直观、深入且全面地认识元宵节。

孙易新老师点评

思维导图法在知识的分类上，强调同一个位阶尽量要求是同一个类别属性。

于鹏这张思维导图在海外之下列出三个国家，诗词与节期之下分别列出五个朝代名称，民俗又分为“美食”“灯会”与“杂技”，让人在阅读思维导图的内容时，逻辑非常清晰。层次分明的思考模式也是思维导图法的重要功能之一，这点于鹏老师给我们做了很好的示范。同样的道理，在起源之下倘若能先列出“朝代”与“宗教”，然后再接“汉朝”与“道教”会更好。

除此之外，思维导图法还有一个重要功能，就是可以看出不同类别之间的概念、彼此的关联性。针对知识的逻辑分类，以及关键词之间的关联性，本书第 44 页中，我以类似主题“认识中元节”的思维导图（图 2-3c）供大家参考。

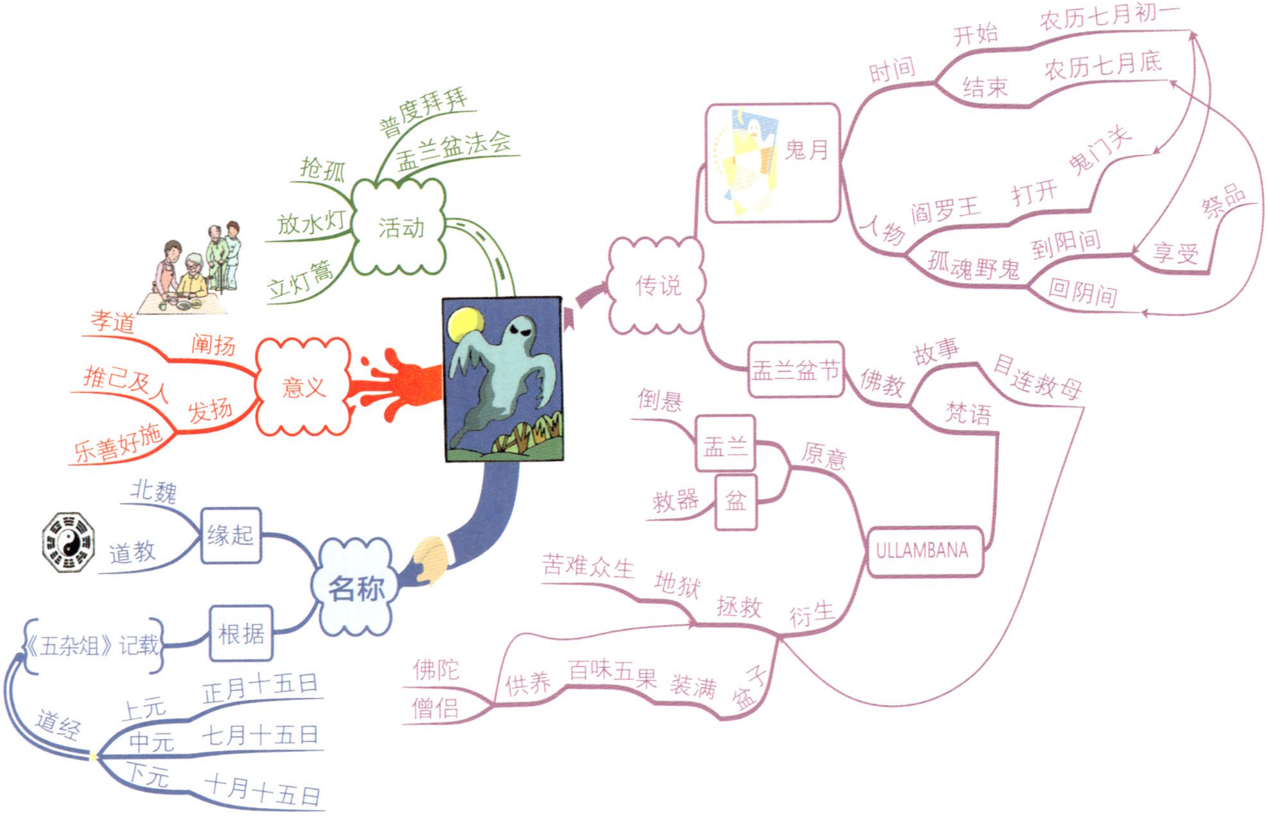

图 2-3c 生活知识：认识中元节

生活中还有很多知识值得我们去探索，现在大家的习惯（或最直觉的方式）就是上网查询，但是这些有用的知识该如何保存下来，方便日后生活上用得着的时候，可以立刻拿出来用呢？思维导图笔记绝对是你最佳的选择！

中国台湾的温泉是世界有名的，不少海外观光客，特别是来自日本的游客，来台湾旅游的目的之一就是泡温泉。接着让我们通过思维导图生活笔记，一起来认识台湾温泉吧！

认识台湾温泉 ▶▶▶

图 2-3d　生活知识：认识台湾温泉

王蓉琦（冻菌）
思维导图法专业讲师
孙易新思维导图法讲师班 34 期结业（2017 年）

原来阅读枯燥的科普文也可以成为一件快乐的事。

你是否有过这样的经历：科普文章晦涩难读，读上五分钟就昏昏欲睡，专业术语加上细碎的知识点，让人瞬间真的好崩溃。

可是就是有一种工具，可以瞬间让你的学习变得趣味盎然。在枯燥的文章中，通过分类整理，细碎的知识点也能变得井然有序；经由图像和色彩的刺激，大脑突然就像活过来一样，高效专注地阅读完所有信息。究竟是什么让学习突然变得有趣起来？甚至闭上眼睛，还能回忆起梳理过的知识点呢？

答案当然是“思维导图”。

看过孙老师自我介绍的学员，都知道老师喜欢泡温泉。但我心里一直很疑惑，台湾那么热，怎么会有温泉文化呢？于是我好奇地通过微信语音请教孙老师，希望某时可以从老师的文章里了解到台湾温泉的信息与知识，然后绘制出思维导图进行学习。

谁料到话音刚落，孙老师就传来一篇介绍台湾温泉的文章。我兴奋地打开文档，然后就傻眼了。维基百科这篇 2500 字左右的文章，从地质角度将温泉的概况和分类进行了专业讲解，然后又从温泉的开发历史和发展角度进行了客观描述，但由于文章中多为专业术语，晦涩难懂，也与我原本想要阅读的温泉“风月之情”相去甚远，令我瞬间倍感崩溃。

当我耐着性子将文章通读完毕之后，却发现它虽然仅有 2500 字左右，涵盖的知识面却相当广，处处都是知识关键点，但稍不留神，就有可能因无趣的语言描述，让大脑进入休眠状态。好在我有思维导图这一“神器”，可帮助我快速进行知识的归纳整理，加上思维导图当中丰富的色彩和图像，着实为我的学习增添不少乐趣。

读第一遍时，我发现虽然文章结构已根据台湾温泉的总体情况、地质分类、开发历史和休闲观光进行了分类讲解，但由于每个小节的知识点、信息量都不小，因此很容易产生混淆。

所以，提取关键词不能仅停留在勾选这个动作上，还需要经过转化，比如把多字词语转化为两字或少字词语；概括，把一段话概括为一句话，一句话概括为一个词；再造，将看到的信息经由理解、记忆、加工进行提炼，概括成自己梳理的关键词。

例如，对于第一段总体情况，原文描述：“台湾有温泉征兆的温泉区有 128 处，以温泉区地质来看，变质岩区最多，其次为火成岩区，沉积岩区最少。以化学特性分类，台湾温泉大多属于碳酸盐泉。经由放射性碳十四及氚定年，温泉的年代大多已有一两万年之久，一两处最年轻的温泉也有几千年。”

通读后，我拉出第一主干“概况”，首先将这段文字分为数量、化学特性、年代和地质。其次对于“经由放射性碳十四及氚定年”这一类的信息，梳理为年代—依据—放射性碳十四和氚。最后将“以温泉区地质来看，变质岩区最多，其次为火成岩区，沉积岩区最少”这段文字和文章第二小节标题“台湾温泉分类（依地质）”重复出现的信息，梳理为关键词地质，作为“概况”的第四分支，并以关联线指到第二主干“分类”的地方，让这张思维导图的逻辑结构更加清晰。

至于第二小节，则在第二主干“分类”上进一步拆分为变质岩区、火成岩区和沉积岩区，并就每一岩区的知识点，按照形成、分布和泉温进行知识梳理，让知识点的呈现更加有序，方便模拟记忆。

在第四小节“休闲观光”上，原文为：“由于台湾地属亚热带及热带，冬季以外其实并非浸泡温泉的好时机。也由于多数时间并不是温泉旺季，故现代台湾温泉业者除了温泉外，尚提供养生、热疗、美容甚至宾馆的形态经营，甚至结合 SPA 与美食餐厅，或以度假区方式经营，与日本温泉经营方向有极大不同。最明显的例子，日本温泉旅馆通常仅大众池有温泉，且其余设施并不多；但台湾温泉常附设水疗等，房间也提供泉水供旅客休息使用。”

由于信息比较杂糅，在孙老师的指导下，我以“休闲”拉出第四主干，用设施和季节进行信息划分，而在“设施”中以主要和附设对使用范围做分析归纳，在“季节”中以淡季、旺季梳理出台湾温泉业的经营形态。通过此次整理，我再次深深感受到思维导图的神奇之处，原来阅读枯燥的科普文也可以是一件快乐的事！

孙易新老师点评

思维导图当中一定要加入很多插图吗？这是不少初学者的困惑，而有些人因为不擅长画图，便对使用思维导图法产生了排斥感。其实，如果只是纯粹知识的收集、整理，用绘制思维导图的计算机软件（例如 XMind）即可满足需求。但倘若想要加深印象，蓉琦的这张手绘思维导图就是一个案例。中心主题图像可以自己创作当然是最好的，如果不知道如何下手，只要上网搜寻，选一个自己喜欢且跟主题相关的图片模仿，甚至把纸张贴在屏幕上描绘出来，都可以强化对这篇文章主题的记忆。

至于文章中特别重要的地方，是否需要加上跟内容能产生联想、具有意义的插图，就要看你这张思维导图的目的为何。如果纯粹只是信息收集，能看到重点在哪里，简单以小图标或符号来标示即可。

延伸应用：烹调美食秘方、居家护理知识、家电简易维修、庭院盆景种植

4
应用

思绪清晰好灵光

二十几年前，在参与国际青年商会的训练活动中，我感到最震撼、学习成长最多的就是辩论比赛了。因为我发现在辩论攻防的过程中，唯有清晰的思绪才能掌握论点优势，完整申论；同时也能洞悉对方的缺点，进而穷追猛打。思维导图法就是我制胜的秘诀！

人类自然的思考方式，除了分析演绎与综合归纳之外，似乎也常会有无厘头的跳跃式思考，脑袋里经常出现神来一笔的灵感。但我们却往往在固定的线性思考过程中，有意无意地忽略了这些可能极具价值的想法，实在非常可惜。

思维导图的树状结构与网状脉络就好比一个全方位的守备球员，随时准备接住我们突发的想法。当一个灵感出现的时候，我们可以检视一下这个想法，适合接续在目前思维导图当中的哪一个概念之下，或者另立一个新的主要类别。

换句话说，**思维导图法的价值在于思考模式与过程，而不是“画”漂亮的图。**例如本书第 51 页这张辩论赛攻防稿基本架构思维导图（图 2–4a），至今对我非常实用。遇到谈判、协商、决策等场合，我会从现况事实、反对意见、支持论点与解决方案四个方向都仔细思考过后，才做出决定。这张思维导图的结构已经内化成我思考决策时的基本框架，然后我再应不同议题、不同场合的需求，将所收集的信息或自己的想法填进所绘制的思维导图中，内容的丰富度，包括文字、色彩、插图等，也会视情况做出调整。

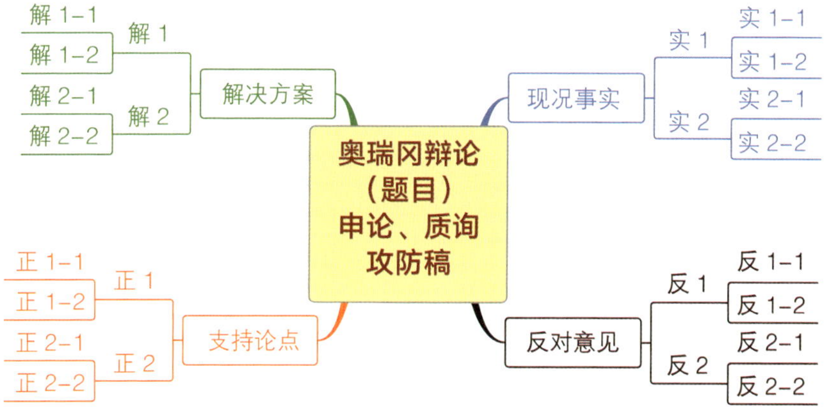

图 2-4a　思绪整理：辩论赛攻防稿

这个技巧适用于任何需要构思的想法，例如学校演讲比赛、商业简报、读书会等场合，我们就一起来看下面两个案例吧！

即席演说拟稿

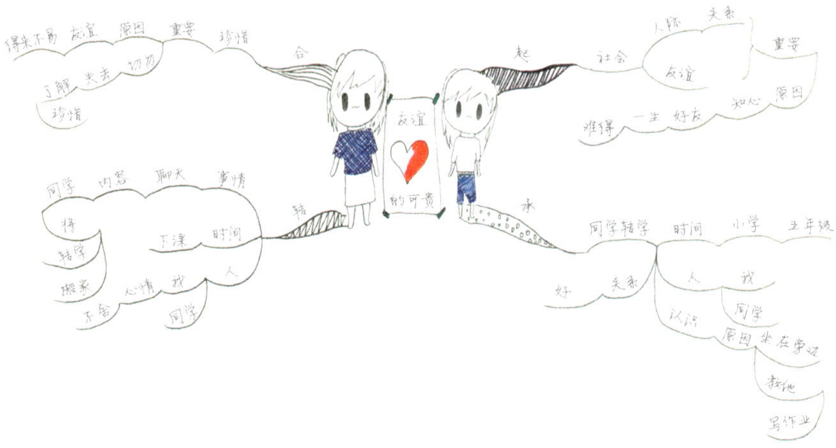

图 2-4b 思绪整理：即席演说比赛讲稿

刘珈安

小学六年级学生

孙易新思维导图法儿童班结业（2016 年）

之前代表学校参加中文即席演说比赛时，比赛规则是每位选手在上台前 20 分钟抽出比赛题目，然后利用 20 分钟准备演说稿。大家都是以日常作文的写稿方式，一字一句地撰写，但是这样的方式却很难同时背稿，因此在演说时也说得不是很流畅。

而我和其他选手不一样，我是用“思维导图”来准备演说稿。

在这张思维导图（图 2-4b）上，我先绘制了四个主干（主题）作为演讲内容的大纲，分别是作文的四大要素起、承、转、合。

在第一个主干“起”上，我再细分出社会，介绍人际关系及友谊的重要与可贵；在第二个主干“承”上，引用我的亲身经历，以好同学转学的故事，详细说明我们的认识经过；而在第三个主干“转”上，将事情的转变一一列出，说明整件事的来龙去脉；然后在最后一个主干，我以个人感想来作为文章中的“合”，也同时为整个故事画上句号。

绘制思维导图不但帮助我在很短的时间内把演讲内容巨细靡遗地整理出来，更让我上台前的准备时间绰绰有余。由于时间只有短短的 20 分钟，所以绘制过程只能使用单色笔，没有时间使用别的色彩，但是通过四个主干所呈现出来的逻辑思考与简单的图案，我不仅把题目内容背得很熟，上台演说时也十分流利。

正因为运用思维导图，我获得新北市七星区演说比赛小学组第一名这份荣耀，也使我有机会代表地区参加新北市的市赛，我真的感到很开心。

孙易新老师点评

在此恭喜珈安应用思维导图法准备演讲比赛时的讲稿，获得小学组第一名的好成绩。她在暑假期间，参加思维导图法儿童班，并将课堂中所学习到的知识技能，在开学之后立即应用，这也是我经常勉励学员的一句话——“离开教室才是学习的开始”。要将课堂所学应用到生活中，才是最有效的学习。

类似这种即席演讲的场合，准备演讲内容的时间都非常短，所以珈安画的这张思维导图没有丰富的色彩、插图，但因为逻辑结构清晰、关键词适当，所以帮助她顺利获得演讲比赛冠军。如果以后能随身携带四色笔，以四种颜色代表“起”“承”“转”“合”内容的意涵，当融入色彩之后，不仅在思考时会更有创意，对内容记忆的效果也会更好。

读书会心得分享

图 2-4c　思绪整理：读书会心得分享——让阅读赞美生命

吴珊珊（珊妮）

思维导图法技能传播者

孙易新思维导图法职场应用基础班（2017年）

与人分享读书心得，需要将内在所拥有的知识，以具结构化的语言方式表达给大家。我该从何开始呢？大脑似乎没有思路，又仿佛处于一片混乱状态，没有思路来源。可是与人分享知识的时候，总不能像聊天一样，想到哪里就说到哪里吧！基于这个原因，我想到了思维导图，想试试它能否帮到我。

于是我取来一张A3的白纸，无论分享啥内容，先把我要分享的主题“让阅读赞美生命”写上去，将我感受到的读书的美好呈现出来。我想到自己在桌边读书的情景，便以这种感受作为主题，画了一张圆桌，上面放了许多书；读书使人变得更加有宽度、有长度、有自我、有境界，于是我在桌底的地上画了一些嫩绿的新叶。

在做分享的时候，我首先要问候大家，但内容不能太多，所以我在中心图右方一点钟的方位，画了一张纸条，代表这里是分享的导入而已。

然后说明我热爱读书的原因，心得应该是红色的，我便画了红色主干表达我的心情，最开始我想到三个心得，分别是读书的热情、读书的量、读书的技巧。但在绘制分支时，又多想到了一个我认为有必要添加的内容，就是仪式感。这也正是手绘思维导图在落笔时所产生的灵感创意吧！

因此在主干线条上我画了四颗心，代表“四个心得”。读书需要良好的心态，于是我在分支旁边画了一个太阳，寓意热情；读书的速度也和积累有关，需要一定的量，我画了一栋高楼；读书快也需要技巧，我画了一把弓，代表技巧；读书是神圣的，当我的孩子达到目标的时候，我会手绘一张书签送给孩子，就在仪式感这里加上一张小书签。

读书也必然有过阅读的障碍，需要对症下药。当我想到这些内容时，感到心情很愉悦，迅速画上一条湖蓝色的主干，代表我的心情惬意，也在这条主干线条上画了一个“1”，代表这是如何快速阅读的方法之一，而其他内容通过图像来表达，比如推荐书、读书慢的原因、回读和音读符号，再画了眼脑直映图。最后就是以破除法来消除弊端，画上怎样提高速读能力和培养专注力的方法。

然后我将刚才想到的其他能够说明快速阅读的内容另起一个分类，我想这部分内容是上一部分内容的延伸和拓展，于是用了深邃的紫色来代表。阅读快，离不开回馈，离不开目标阅读，用积极心态去阅读，以及绘制思维导图，所以就有了紫色分类那些图的出现。

让阅读赞美生命，有哪些书对我产生了影响？我想也是书友们想知道的内容，有必要做一个分享。于是我写上了三本对我影响最大的书在蓝色分支上，告诉大家，这几本书为我带来的改变。

当我画完“影响”这个分支时，感到很开心。原本不知道从何开始的分享，已然清晰呈现在一张纸上，而如果我想有更好的素材，只要以自己写下来的这些纲要做一些数据搜索即可。

最后在完成这张思维导图的时候，我不仅将要分享的内容呈现在一张纸上，而且我的思维也变得更加清晰。而在我回忆分享时，由于这些关键图所起的作用，让全篇内容在我的脑海中依然很清晰，因此我的心情格外愉悦，立刻感受到了绘制思维导图对我的意义，于是我又增加了一个意义的图，它形如一个星球，代表读书让我见识到了更加广阔的世界。看世界，看他人，看自己，让我的内心变得比较坚定，更加有力量，这就是读书带给我的价值，同时也是这张思维导图为我带来的价值。

孙易新老师点评

从珊妮对这张思维导图的说明中我们可以发现，思维导图不仅将她内心的想法展现出来，更触发她产生更多的想法，简洁的关键词配合简单的插图，让思绪更清晰、更聚焦于重点主题，她的呈现方式值得大家借鉴。

但有一点要注意的是，图像是非常个人化的，这张思维导图自己看、自己使用是没有问题的，但如果是要作为演说时的解说图，就有必要斟酌插图的使用，尽量采用大家都能理解、都具有相同意义联想的图像为宜。例如右下方“破除”之后的两个小插图，若不去看解说，恐怕无法理解它们所代表的意涵。

延伸应用：商业谈判、致辞演讲、考试申论题写作

5 应用

运动养生好健康

2017 年 10 月下旬的某一天上午，我打开报纸，看到外电报道美国 NBA 职业篮球明星林书豪，在球场上不慎造成右膝髌腱断裂，宣告本赛季提前报销。

你我或许不是职业球员，不会做出太剧烈或从事危险的运动。但我们都清楚，日常养成运动习惯，可促进身体血液循环、强化骨骼肌肉，达到养生的目的。不过如果没做好预防措施，恐怕还没把身体练好，就先造成无法弥补的伤害。例如，一位同事的小孩很喜欢打篮球，从高中起就是班队代表，念了大学，也经常出现在篮球场上，但因为常扭伤脚踝，成了中医诊所的常客。究竟要如何运动才能避免运动伤害？

还有一种影响身体健康的情况就是身体太胖，走几步路就气喘吁吁，更别说要从事运动项目了。该怎么减肥才有效呢？

《中庸》：“凡事豫则立，不豫则废。”运动养生也必须做好周详的计划，再按照计划逐步执行，才能达成预定的目标，否则边做边想，或临时起意，都是非常危险的。

其实道理我们都懂，就是记不住或起不了警示作用，对吧？我们不妨看看一些成功的案例，原来思维导图法都帮了他们大忙！首先，我们来看云彤如何应用思维导图提醒自己运动该注意的事项。

图 2-5a 打篮球怎么做才能预防受伤

王云彤（Fiona）

初中一年级

孙易新思维导图法儿童班结业（2012 年）

我会画这张思维导图是因为我很喜欢运动，什么运动我都尝试过，不管是篮球、棒球、足球、排球，等等。不过在运动的过程中，我常常看到有人受伤，不管是轻微的扭伤，还是严重的运动伤害，都有可能造成无法参赛的后果，所以我就整理了打篮球前、打篮球时以及打篮球后应该注意些什么。

在绘制这张思维导图时，我先在中心主题画了一个小男孩在打篮球，因为我的主题是“打篮球怎么做才能预防受伤”，在这张思维导图中令人印象最深刻的，应该也会是中心主题。接着我分成“运动前”“运动时”“运动后”，一个一个详细地去分析要特别注意些什么。最后我在手腕、脚踝、肌肉、水分这几个地方加上了小插图，因为我觉得脚踝、手腕和肌肉是比较容易受伤的部位，所以加上小插图强调；另外水分是非常重要的，不管有没有运动都要多补充，运动完更应该喝水，把失去的水分补回来。

画完这张思维导图，我发觉如果真的要运动，一定要特别小心自己的安全，而且运动前的热身也非常重要，身体活动开了，比较不容易受伤，水分也要经常补充，这样才能开开心心地去运动！

孙易新老师点评

云彤虽然只是初中一年级的学生，但已经具备了风险管理的概念，她将自己喜爱的运动，以思维导图整理出预防运动伤害的应对措施。在第一阶主要主题的分类上，她以运动的时间顺序区分为运动前、运动时、运动后，提醒自己在不同阶段应该注意的事项。这对于一个运动选手而言，是一种很有意义的分类方式，其他类似工作执行过程中应注意的事项，也可参考这种依时间顺序的分类方式。

同时，她在不同类别之间有关联性的事项，例如“运动时”与“运动后”都需要补充水分，以网状脉络的关联线来表示，这点也是值得大家学习的思维导图法关键技巧之一。

了解运动该注意的事项之后，接下来要如何运动才是正确的呢？是找教练指导，还是通过教学影片引导学习？当然有教练在一旁指导是最好的，但忙碌的商业社会，我们恐怕很难安排出固定时段上健身房，看教学影片跟着运动是常见的方式。但大家真的看懂了吗？有办法边看边练习吗？我们一起来瞧瞧山东济南的一位小学老师，她是怎么应用思维导图掌握运动健身的操作技巧！

健身塑形影片教程

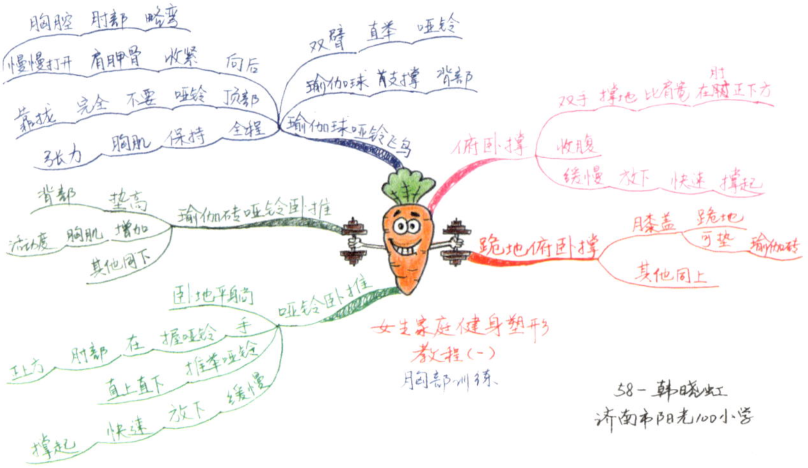

图 2-5b-1　健身塑形影片教程——初稿

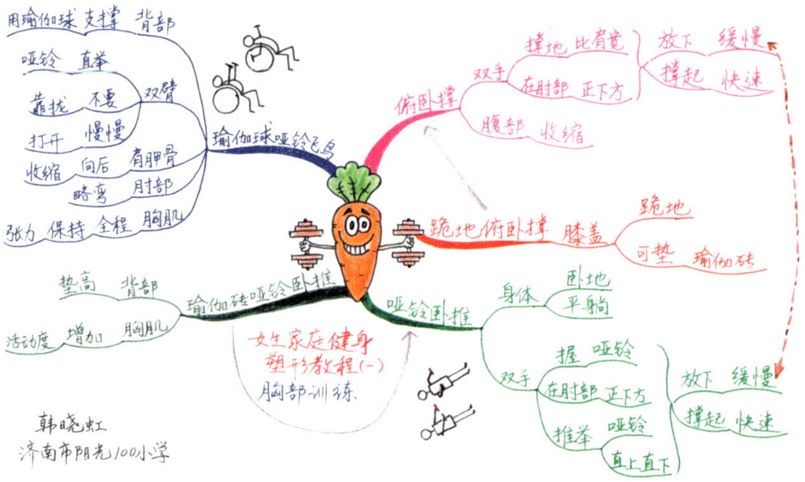

图 2-5b-2　健身塑形影片教程——完稿

韩晓虹

济南市阳光 100 小学教师

山东思维导图法种子教师培训班结业（2017 年）

我不是爱运动的人，但是最近几年感觉身体素质每况愈下，遂决定利用寒假时间活动一下筋骨，可又懒得去健身房，于是就在网络电视里找到了这套《女生家庭健身塑形教程》。全套影片一共有七集，分别讲授胸、肩、背、臂、腿、臀、腹肌的训练动作，每集介绍三至五个动作，大约八分钟，片头加片尾差不多三分钟。我第一遍看完影片感觉很好，可以学着做，但回忆一下却没记住几个动作。我连着看了三遍，还是没记全，更别提动作要领跟细节。而动作不合规范，不但达不到健身效果，还容易受伤，所以我运用思维导图法帮助我记住这些健身动作。

各位现在看到的这张思维导图（图 2-5b-2）是修正后的版本。我原先的思维导图（图 2-5b-1）大致是这样的：

首先，画一幅吸人眼球的中心图。橙色的胡萝卜顶着一头翠绿色的叶子，明亮的眼睛，灿烂的笑容，举着巨大的哑铃，突出健身的主题。

接着，画第一阶主干（主要主题）。第一集“胸部训练”共讲授了五个动作，每个动作一条分支，从一点钟方向开始，按顺时针方向均匀分布于中心图的周围。“俯卧撑（伏地挺身）”与“跪地俯卧撑”属于同一动作的不同变化，都选用红色系；“哑铃卧推”与“瑜伽砖哑铃卧推”采用绿色系。最后，画每个主题之下的具体内容，大致按照准备姿势、动作要领、注意事项来选取关键词，接着画出第二阶的分支主题。

孙老师看过之后给出的评价是：主题很好，但逻辑结构不够清晰。建议每个动作的第二阶分支主题可以是身体部位名称，第三阶分支主题是这个身体部位的动作要领或摆放位置、感觉等。“缓慢放下，快速撑起”是整个动作的注意事项，要利用收敛符号标注在第三阶分支主题的后面。

孙老师的指导让我豁然开朗，我马上重新画。我非常喜欢胡萝卜健康、阳光、正能量的形象，仍然用它伸展双臂、手握哑铃的图像当作中心图。

接着画树状结构。每个线条也仍然用原来的颜色。红色提醒我要坚持做，不能偷懒；绿色提示我控制好呼吸和节奏，缓慢放下，快速撑起；蓝色暗示我控制好身体，用心感受胸肌的张力。

然后画网状脉络。第一张（图 2-5b-1）中“跪地俯卧撑”的其他同上和“瑜伽砖哑铃卧推”的其他同下，在第二张（图 2-5b-2）中都改成以关联线的方式来表示重复性。因为这两处联系紧密，所以用了实线。跪地俯卧撑指向俯卧撑，瑜伽砖哑铃卧推指向哑铃卧推。两处“缓慢放下，快速撑起”用双箭头虚线连接。最后，在“哑铃卧推”和“瑜伽球哑铃飞鸟”这两处加上小火柴人图像，强调动作要合乎规范。

我把这张画好的思维导图贴在墙上，觉得看着它比看影片方便很多，不用快进跳过片头，也不用听教练唠唠叨叨，只要看着它就能回想起影片中教练的示范动作，可见看思维导图健身，能使自己的大脑和身体迅速进入状态。

通过画思维导图，我对影片中的健身动作有了更深刻的理解。健身并不是哑铃越重越好，也不是动作幅度大、速度快，更不是要用多大力气、使多大劲，而是在做动作的过程中，集中注意力感受肌肉的缩紧和拉伸，同时重视节奏，配合呼吸。这些对我来说，真是意想不到的收获。

孙易新老师点评

不受时空限制的在线学习课程，已成为忙碌的现代人终身学习的重要选项之一。但是，看完之后吸收程度有多少？你有多少时间可以将教学影片重新看一遍？相信大家都会出现跟晓虹一样的困扰，特别是技巧的操作教学。

过去不少人认为思维导图适合整理静态的知识，对于动态的知识或技能的操作会有很大的限制。这其实是对思维导图法很严重的误区之一，也就是仅停留在那张固定的“图”上面，而忽略了思维导图“法”是一个动态的过程。

我们可以先将教学影片中所阐述的内容，依据内容的特征属性或目的性，先进行知识的整理；接下来在实践过程中，可以持续在思维导图当中补充相关知识点，或自己的心得体悟。

晓虹这张思维导图就是做到初步针对教学影片内容的整理，虽然对自己的学习有很大的帮助，但是，接着应将健身塑形练习时所获得的灵感或体悟，增补到贴在墙上的这张思维导图之中，这样做不仅能更加体会思维导图法的功能，对自己的学习有更多帮助，也符合思维导图法的本质意义。

运动的目的当然是让身体更健康，但光靠运动是不够的，还得从饮食着手，并定出明确的目标，也就是要把运动养生当作一个项目来规划执行。接下来这个案例，是一位以思维导图法规划执行过无数个大小项目的企业经理，为自己的健康所做出的减重规划。

减重规划

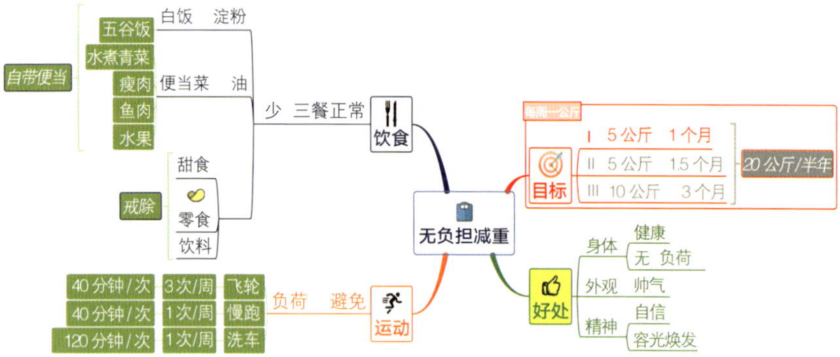

图 2-5c 无负担减重

卓克羽

科技公司项目经理

孙易新思维导图法讲师班 27 期结业（2015 年）

身上的肥肉从退伍后慢慢地增加，一发不可收拾，先是裤子套不进去，后来感觉连衣服也穿不下了！

以往也有过减重的念头，但总是没有进一步规划，这次总算下定决心，利用思维导图好好规划我的“无负担减重”。

要建立一个习惯其实不容易，如果一开始就做激烈的改变，恐怕会坚持不久，所以这次的减重计划着重于不要大幅改变，以及培养新的习惯，以利于计划顺利执行。因此，在思维导图主干上的几个主要主题，我列出了明确的“目标”、带来的“好处”，以及思考从“饮食”与“运动”着手进行。

开头建立的目标非常重要！原本将目标设定为减重 20 公斤，但相信大多数的人看到这个数字还没开始就先放弃了，所以我将目标拆解为三个阶段，在第一阶段只要减重 5 公斤，这样做的好处是压力没那么大，而这个阶段首要目标是习惯的养成，借由一个短期里程碑的达成，后面阶段也能比较顺利地进行。在这个主题的线条，我以红色表示目标的重要性，将第一阶段的文字使用粗体标示，凸显其重要性，并将其他阶段先以灰色淡化，以专注于第一阶段，然后用外框框住整个“目标”这一类别的所有内容，标注每周目标的相关数字信息。

在减重的过程中，往往会遇到挫折，使用思维导图法脑力激荡，将减重的好处列出，可以在灰心时重新检视，带来持续向前的力量。所以在这张思维导图当中，好处这个关键词我使用绿色字、加上黄色底代表积极进取的意思。

接下来运动的部分，在思维导图中线条与关键词的颜色，我以橘色表示热情与激励，首要出发点是不要有太大的负担，造成无法持续，因此只加强日常已经在做的运动，并规律地进行。

饮食的部分我以蓝色表示冷静，因为身为一个美食爱好者，面对美食往往会有很大的冲动，所以采用代表理性与冷静的蓝色来提醒自己，必须保持三餐正常饮食，主要的改变是以少淀粉、少油、少糖为出发。薯片其实是最大的罩门，加入插图，表示这个零食是需要特别提醒的。在运动与饮食的分支主题部分，以绿色表示后续的执行方案，检视整张思维导图时，我可以一眼就知道该采取的行动为何，并将这些行动规划加入一周行事历。

思维导图法，可以将我的目标明确化，在绘制过程思考以最小的改变达到最大的效益，探索出现的问题以及针对问题最佳的解决方案，并且在往后的检视中提醒自己还有哪些该注意或是未达成的项目。

孙易新老师点评

绘制思维导图可以采用手绘方式，也可以使用计算机软件来整理，各有其优点与限制。对于需要激发更多的创意、应用在跳跃式创新，以及强化内容记忆时，以手绘思维导图较能达到效果；但整理大量资料，或在既有基础之上进行调整改进，软件的应用可以让效率更高。

以克羽的这个案例来说，纯粹是在既定模式之下去规划自己的行动方针，由于内容并不多，要用手绘方式亦可。软件的好处是在构思内容时，可以先不用太在乎关键词之间的逻辑结构，只要有想法出现，就先依据大致的架构去整理，之后再调整成更合乎需求的逻辑分类与顺序。

因此，在这张思维导图当中，有几个地方可以在列出初步想法后继续予以完善。例如，右下方“好处”之下可调整成外观与内在，“外观”之下接帅气与精神，“精神”之下接自信、容光焕发；而“内在”之下接身体等。如果后来觉得“精神”应该是属于“内在”，那么以软件绘制思维导图的方便性就出现了，只要搬移即可。

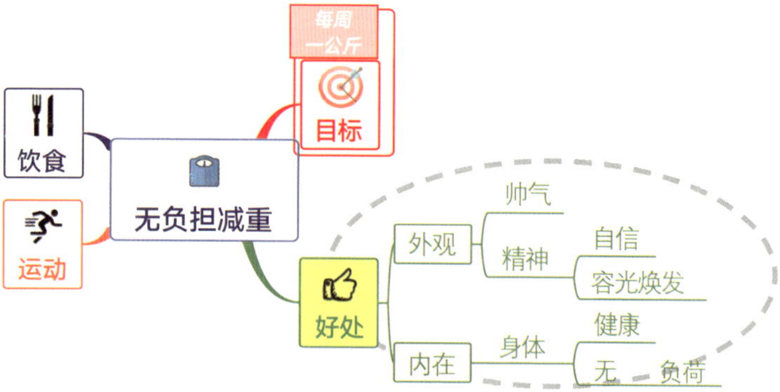

图 2-5d-1　无负担减重思维导图修改建议

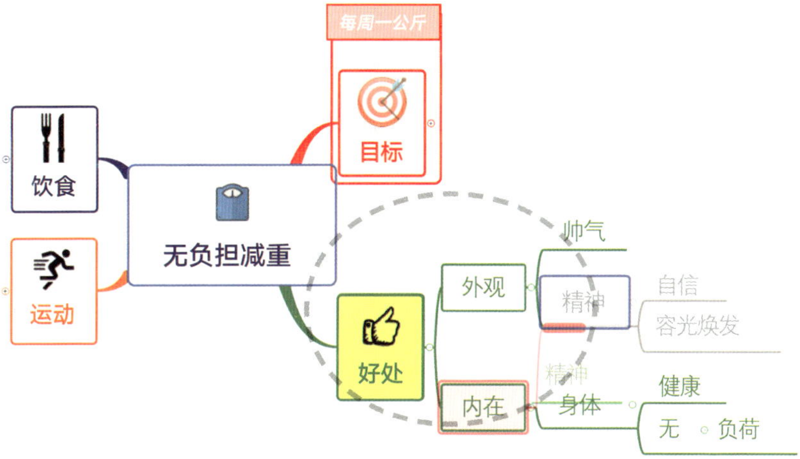

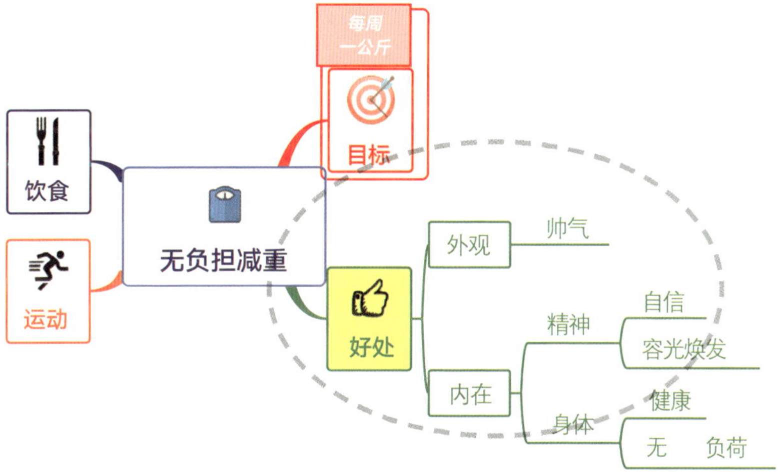

图 2-5d-2　无负担减重思维导图修改后

延伸应用：**增重计划、身心灵修炼、慢性病预防与治疗**

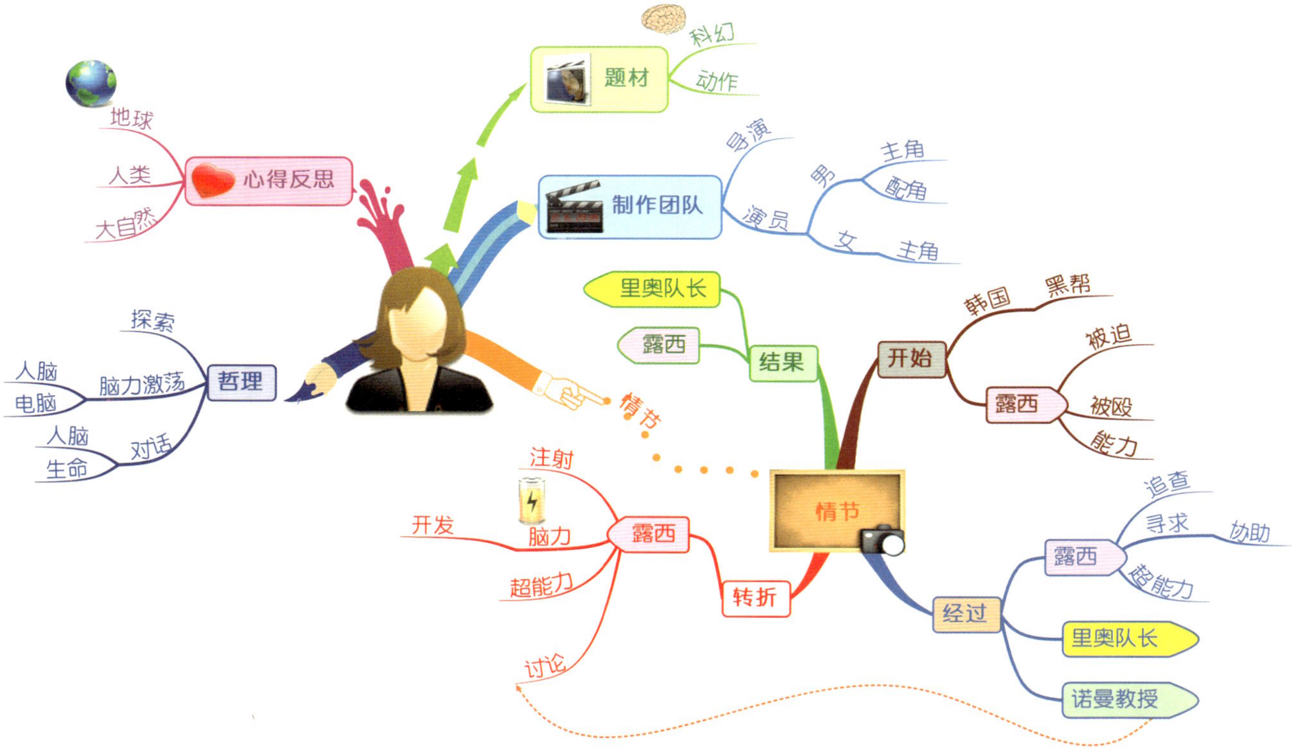

图 2-6a 电影读书会导读思维导图：《露西》

6
应用

欣赏电影收获多

电影是一门综合的艺术，功能更是多元化，除了呈现事实真相的纪录片之外，剧情片还有娱乐与教育的功能。当我们在欣赏一部电影的时候，除了缓解压力、打发时间，要怎么做才能进一步发挥教育功能呢？

我相信从越来越多电影读书会的举办，足可窥知看电影也是一种学习的渠道与形态。2001 年我在《思维导图法基础实务 入门篇》这本书中分享了一张电影剧情与心得感想的思维导图之后，就曾在当时引起了不少读书会带领人的注意，往后**不论是导读一本书，或是一部影片，以一张思维导图让大家对于即将探索的议题预先有个思考方向，就好比是学习的心锚，让我们在过程中可以关注重点事项。**本书的第 68 页这张思维导图（图 2–6a），就是《露西》（又译《超体》）这部片子在电影读书会前的导览。

此外，电影剧情也常是三五好友相聚时的话题，在我们看完一部电影，情绪澎湃，感动不已，想跟朋友分享剧情的时候，你是希望讲得零零落落，还是有条有理呢？

请翻页看后面那张《神奇动物在哪里》的剧情内容思维导图（图 2–6b），不论你是否看过这部电影，从这张思维导图当中你看到了哪些重点呢？

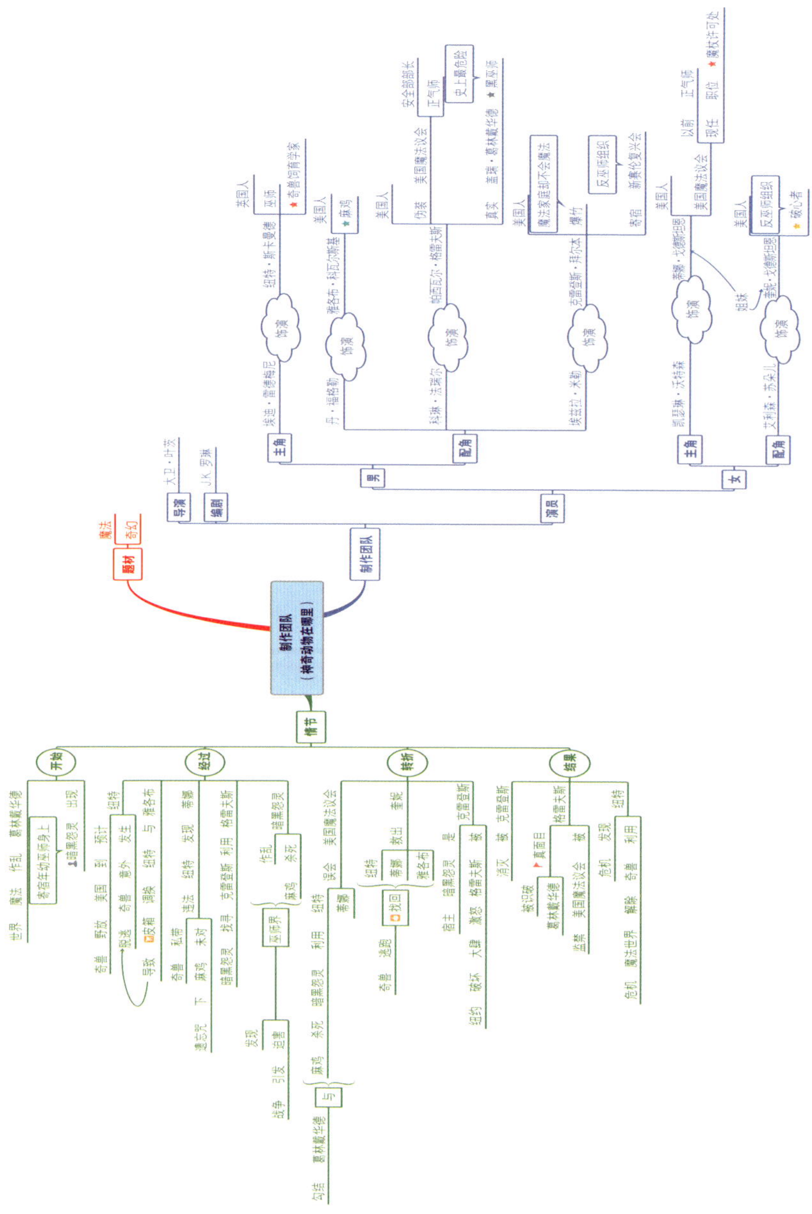

图 2-6b 电影剧情分享：《神奇动物在哪里》

蔡舜涵

浩域企业管理顾问股份有限公司课程顾问

孙易新思维导图法讲师班 29 期结业（2016 年）

我是一个热爱阅读也喜欢与人分享故事的人，偏偏许多长篇故事的剧情人物都非常复杂、烦琐，光是表达人物与人物间的关系，就会耗费很多力气与时间，讲了许久，对方也未必知道你的意思。尤其魔法世界的故事更是复杂，许多剧情涵盖大量的背景知识，复杂交错的关系连介绍都困难。正逢假日，与朋友一同观赏我新买的 DVD《神奇动物在哪里》，身为一个魔法世界迷，我一定要好好跟朋友介绍一下这部电影！

故事性的小说、电影，都可以依照剧情与叙述，分为起、承、转、合，或是故事的开始、经过、结果，作为思维导图主干线条上主要主题的分类依据，但是我在《神奇动物在哪里》中特别把“演员”也放进主要主题“制作团队”之下，自成一个中类。这是因为当故事内容相对复杂，且人物很多的时候，如果一开始没有让阅读的人掌握故事中的主要角色，后续还要去了解剧情走向，对于理解整体剧情会很困难，也很容易搞不清楚事情到底是谁做的，以及他为什么要做这件事情。就像许多小说，翻开第一页，往往不是第一章，而是人物介绍，是同样的道理。“情节”的撰写，则因电影《神奇动物在哪里》里面有转折的剧情出现，而采用开始、经过、转折、结果的方式分类，并依照人物出场顺序与事件发生的先后去绘制思维导图。

运用思维导图介绍一部电影，可以简洁且清晰地掌握全貌，过往条列式的线性记录方式，无法就人物之间的关系多加表示，仅能用文字叙述，很容易造成误会，加上一个故事的叙事本来就很难以单线进行。因此，思维导图法这种见林也见树的表现方式，相对就会显得清楚明了，让我在跟朋友分享一部电影的剧情时，生动活泼之余，也不失其系统性。

孙易新老师点评

在知识的分类叙述上，思维导图法强调同一位阶的类别概念必须是同一个阶层属性。我们看到舜涵的这张思维导图，逻辑结构上算是不错的。例如“制作团队”这一主题之下分为导演、编剧、演员，“演员”又分男、女，其下再分为主角、配角，接着是各个人名等。

思维导图法还有一个重要的操作策略，就是插图的使用。舜涵原本在思维导图中的她认为重要的地方都加上了插图，但她的插图是从介绍这部影片的相关网站上下载的。一般而言，图片都是有版权的，本书是公开发行的出版品，使用未经所有权人同意的图片恐怕不适当。因此，我建议她把插图全部删除，改以小图标表示。

延伸应用：戏剧欣赏、音乐赏析

7 应用

学习计划好周详

功课好多，写不完！这是许多中小学生的痛点；而无法准时毕业，拿不到学位，则是许多大学生、研究生的无奈。

原因当然很多，没有做学习计划的习惯就是其一。

从小依照老师的指派，在指定时间内完成指定的作业，空当不是去补习班加强学习，就是被安排去上才艺班、兴趣课。孩子们长期在这种被动状况下学习，不用动脑筋思考要学什么，该如何学习效果比较好，不仅无法享受学习的乐趣，而且一旦离开学校，恐怕就很难再重拾课本。

我小时候念书也是苦于功课写不完，但我却能拿到一个美国硕士学位、中国台湾两个硕士和一个博士学位，而且快乐得不得了。转折点是什么？除了我会用思维导图整理读书笔记之外，还有一个秘诀，就是做好读书学习计划。

例如考上台湾师范大学博士的时候，我就以思维导图列出毕业需要达成的几个主要标准总览图，然后根据每个标准再展开一张较详细的思维导图（例如“学分”），并依自己的期望与能力，标上预计完成的学期时间点。有梦当然最美，但有计划才能落实，也因为有了思维导图作为求学期间的基本架构，让我逐步详细规划每一学期的学习进度，才能顺利在五年间拿到博士学位。

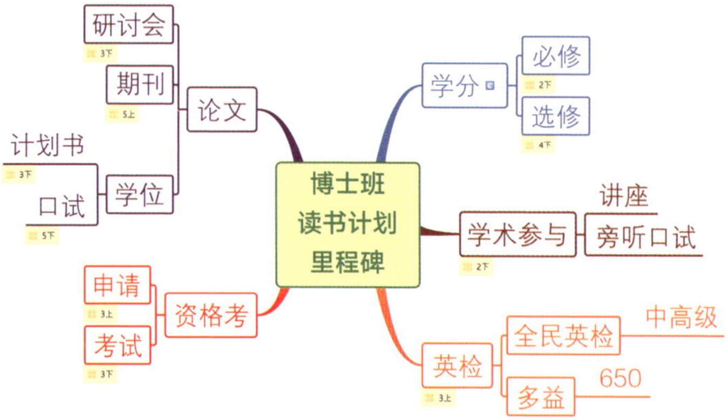

图 2-7a-1　博士班读书计划里程碑：总览

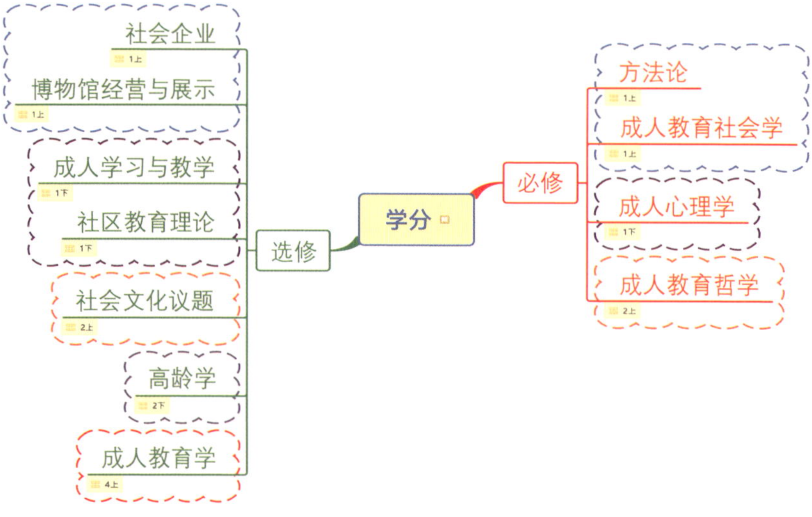

图 2-7a-2　博士班读书计划里程碑：修学分

在“学分”这张思维导图当中，虽然是平面图，但我呈现出立体（3D）思维的概念，也就是课程的必修、选修，以及修课的时间表。我所应用到的技巧就是色彩。必修学分是红色，代表很重要；给人舒服感觉的绿色，用它代表选修学分，意思就是轻松地选一些自己有兴趣的科目。你应该会注意到，我在这张思维导图的分支主题上还加了不同颜色的外框，海阔天空的蓝色代表一年级上学期，高贵的紫色代表一年级下学期，温暖的橙色代表二年级上学期，有点儿忧郁的蓝灰色代表二年级下学期。

像这种类型的学习计划也可应用到日常生活中每月、每周的学习中。接着这个案例是一位妈妈陪伴孩子一起规划连续假期学习计划的思维导图，相信这是很多家长关心的，也希望大家不妨试试看！

孩子的学习计划

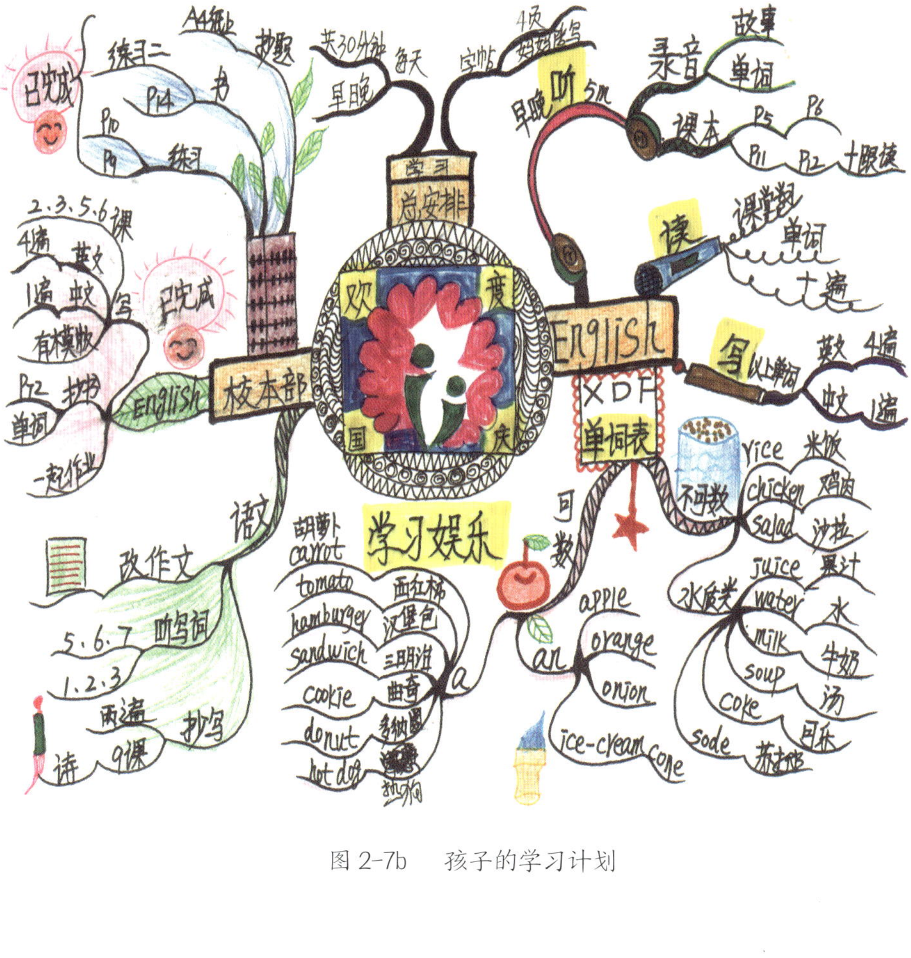

图 2-7b　孩子的学习计划

吴珊珊（珊妮）

思维导图法技能传播者

孙易新思维导图法职场应用基础班（2017 年）

孩子的作业平时都是他自己独立完成，到了三年级，碰到他人生学习的第一次障碍，就是钢笔字写不好，而且我明显感受到他心里已经有挫败感。加上连续假期，每个老师都布置了不少作业，面对这些问题，我与孩子决定用思维导图做一个梳理。

首先，在中心图上画两个绿色的人，代表妈妈与孩子；周围再画上好多好多的爱心，让我们的假期充满温暖和爱；将心注入，希望这段时间是辽阔的，所以在心的图形外再画了一片蔚蓝。从中心图上我们可以看到：图像颜色在三色以上，且贴近主题，充分代表了中心思想。

其次，制作内容与分类。学习的内容有语文、数学、英语，而英语又分为校外和校内的。按照这个内容，我们可以画成四个分类。校外的英语是老师直接发在微信上，为了让孩子方便携带，不用拿出电子产品，于是就决定让需要学习的内容都在这个思维导图中呈现。这样一来，我们发现将内容变成两个分类会更好，即校内和校外。归类清楚，内容也就不会凌乱，可以清晰地呈现在面前。

于是，我们把整张图用预判方式分成两类，校内与校外。根据思维导图的阅读习惯，从右边一点钟方向出发，顺时针旋转，所以我们先画右边，安排画上校外内容，包括听、读、写，并且以相关联的耳机、麦克风与毛笔来强化印象。

整个树状结构说明分类内容的总结，必须做到以上统下，同时充分代表分类的中心思想；而在绘制技巧呈现上，线条则要由粗到细，自然弯曲，下一线条是从上一线条的顶尖部位出发，且一线一个关键词。

接下来我们继续制作校内作业部分。

由于校内的作业是语文、数学、英语，我们将它们在校本部的分类下再分成三个分支展开。第一个分支“语文”，其下延伸出抄写、听写词、改作文三个次级内容；第二个分支“英语”，我们用了创意画法，孩子觉得英语是一片绿色的叶子，就画了片叶子作为分支；第三个分支“数学”，则是画了一个算盘作为分支，后来发现那个算盘看起来更像一个长方形花器，我和孩子不禁哈哈大笑。一起下笔玩创意，亲子间就拥有了快乐时光。

就这样，假期7天的作业整个呈现在一张纸上了。你可以从中观察到，每个线条上面都只有一个短短的关键词，或者只有一个关键图。为了便于记忆，我们用关键词或关键图呈现，的确是思维导图的妙处。写关键词，大大节约了时间；而关键图的呈现，又增加了图形的美感和下笔时的愉悦心情。从整张思维导图上，我们看到它的五大元素是中心图、分类线条、关键词、关键图和颜色。

好了，长假有关学习内容的思维导图都画完了，孩子开心地说：“哇，好美啊！我的作业已经剩下不多啦！”我说：“那让我们再来检查看看这张思维导图有什么不足的地方需要补充吧。”这时候孩子说，还有他的弱项在这个图上没有展示。我知道他指的是练习字帖的事情，就跟孩子说：“来，看妈妈怎么变身。”

中心图的上方不是还有一片空白嘛，所谓留白天地宽呀，这时我们就可以在这个地方补充一些内容。于是我们增加了一个分类，叫作“学习总安排”，加在中心图上方那片领地。在这个总安排下面画出两个次级分支：一个是每天总学习时间，画完思维导图之后，发现作业其实很少，每天只要学习三十分钟，其他时间全是自由安排；二是每天增加一个作业，临摹钢笔字。哇，这个连假真是爽歪歪，想累得半死不活地度过一个“充实的”假期都不可能哦。

有一天就在我们出门的时候，把这张思维导图顺手往进门的墙边一贴。只是这样一个小小的举动，没想到孩子在出门换鞋时，居然把图上的单词又复习了一遍。从外面回到家，进门就一眼瞧见那个没有画笑脸的区域，他洗完手便去补充学习。我感到，绘制这张学习计划的思维导图，是这个“十一”假期最明智的决定。

孙易新老师点评

思维导图法是提升思考能力与学习能力的方法，这方法的主要工具是思维导图。珊妮充分发挥了思维导图法的效能，也让思维导图展现出它的方便性与实用性。

我常遇到不少人画出许多漂亮的思维导图，但对他生活的帮助，除了感受画图的乐趣与成就感之外，实质的效益却很有限，甚至没啥帮助。但是，珊妮通过这张思维导图，不仅在画出美美思维导图的过程中增进了亲子关系，更重要的是达到思维导图法的主要目的，也就是“解决问题”。珊妮解决了孩子“十一”长假期间学校功课的问题，并且让孩子养成做学习计划与主动学习的习惯。

在她的说明中，珊妮详细地为大家解说她和孩子思考的过程与绘制思维导图的方式，相信对大家会有很大的启发与帮助。在此我也借由这张思维导图补充一些初学者常见的问题，以及可以精进的地方。

首先是分类。既然一开始就能清晰梳理出所有的作业，可分成校内与校外两大类，那么从中心主题所展开的第一阶概念用

“English”与“校本部”就不太恰当，如果采用“校内（校本部）”与“校外”会更好，这就是在分类的逻辑结构中，要求同一阶层其类别名称必须是同一个阶层属性。其实我也曾经听到有人说，思维导图是你自己在用的，自己看懂就好，何必管这一大堆规定。如果你要这么认为，我也没意见，但若是想要更精进强化自己的逻辑思维，以及激发出更多的创意，你不妨参考一下我的建议，因为我的重点在于指导思维导图“法”，而不是“画”思维导图。

接着是颜色的应用。如果希望通过色彩的情绪感受激发出更多的创意，帮助我们记忆思维导图的内容，那么在绘制线条与书写文字时，最好采用能代表那个主题（或类别）感受性的颜色。我们从珊妮的这张思维导图可以看出，一开始全部是以黑色笔来画线条、写文字，有些线条看起来加了些色彩，但那应该是事后补上的颜色，只是把思维导图装点得好看一点儿，色彩在思考的过程却是起不了作用的。通过美化思维导图的线条，可增进对线条上关键词的记忆，这点是没有错，但这张思维导图的主要功能是在构思学习计划，在绘制思维导图笔记的过程中，创意的激发与缜密的思考是重点。因此，让带有情绪感受的颜色融入思考与绘制思维导图的过程吧！

最后小小地温馨提醒，当你写错字的时候，不要涂成黑黑的一团，例如这张思维导图正下方就出现这种小瑕疵。其实只要在错字上画一条斜线，代表这是错字，然后在旁边写上正确的文字即可。

当然，如果面对的是严谨的评核，且要见到可行性，例如报考研究所的研读计划，既不能太简略，也不宜太烦琐，重点是不能瞎掰。这时的思维导图内容该怎么做呢？我以 2017 年被录取入淡江大学教育科技硕士班的一位学员的实际案例与大家分享。

研究所进修计划

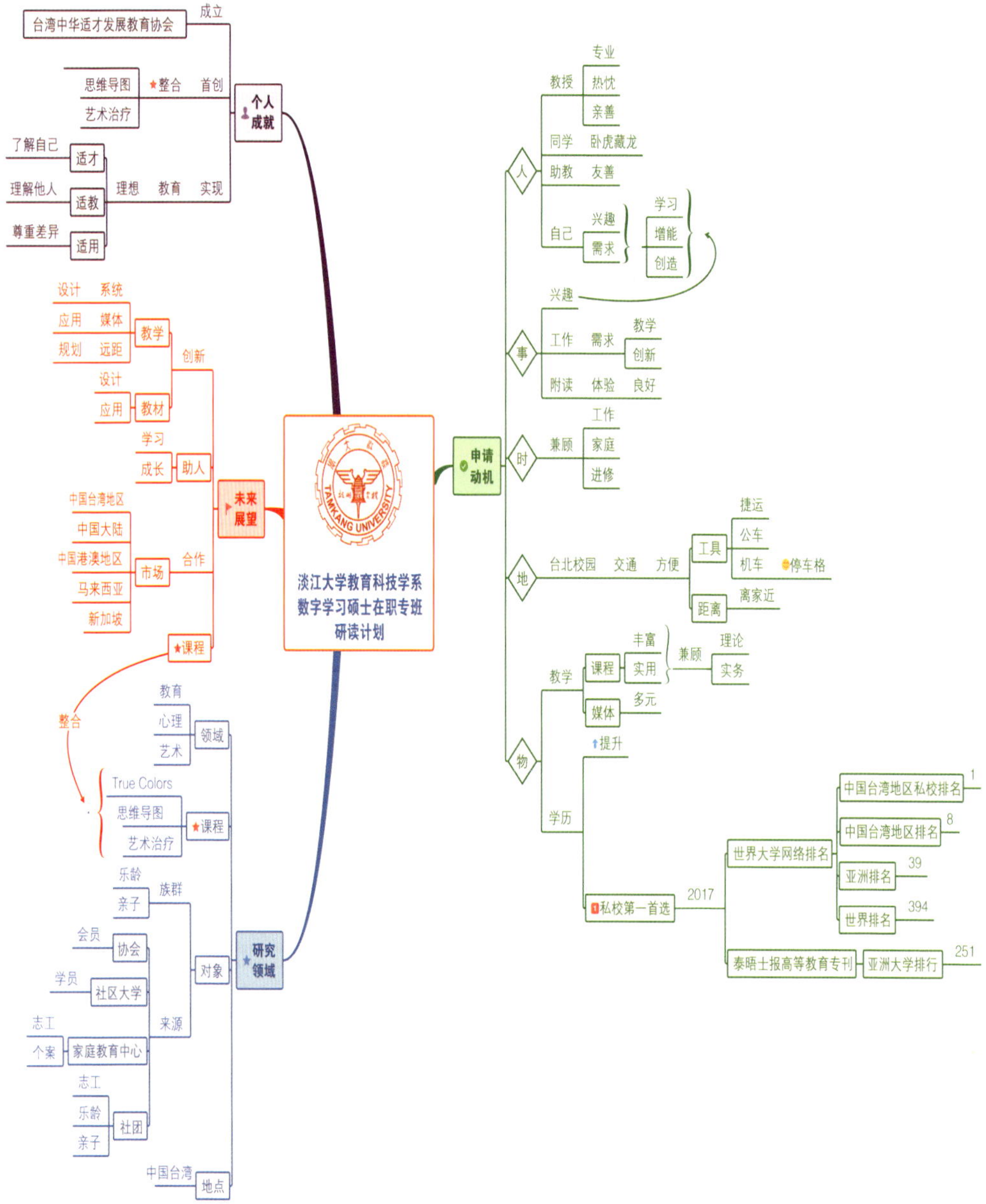

图2-7c-1　研读计划

洪湘庭

亲子教育工作者

孙易新思维导图法讲师班27期结业（2015年）

今年为了报考淡江大学教育科技研究所的数字学习硕士在职专班，应学校的要求，我首次向我的恩师们拜托撰写入学推荐函。由于我的个性是不轻易向人求助，所以让我小有压力，变得格外有使命感，更夸下海口说：“我一定要高分上榜，不辱师恩！”

于是在入学考试第一关，准备书审资料时，依照学校规定要写一篇研读计划，我心中便想着：“我一定要与众不同，要在评审教授们的第一眼、第一印象中就达到加分标准！更要善用我的专长与特质，凸显我的独一无二、出类拔萃！”既然我身为思维导图法教学讲师，那么使用思维导图不但能呈现我的专业与独特性，又可以有效抓住视觉焦点，一定能够虏获评审教授们的关注。因此，我的第一步就是确定采用思维导图呈现我的研读计划！这是我人生中第一次写研读计划，也是首次使用思维导图法构思研读计划。我的做法是先整理出一张研读计划的思维导图，再通过这张图写出一整篇的研读计划报告书，这就像用思维导图构思作文一样轻松、快速、精准确实！

我整理本书第80页这张“研读计划”思维导图（图2-7c-1）的步骤是：

1. 依学校列出的研读计划基本要求项目，作为我的研读计划思维导图的四大主干，包括申请动机、研究领域、未来展望、个人成就四大项目。

2. 从每个大项目（四大主干）再去细想个别的支干分支。以“申请动机”为例，我把它分成人、事、时、地、物五个次项（支干）来陈述，分别写出关于“人”有哪些因素造成我的申请动机、关于“事”有哪些因素影响我的申请动机、关于“时间”有哪些因素促成我的申请动机、关于“地点”有哪些因素导致我有申请动机、关于“物”有哪些因素促使我有申请动机。

3. 我继续顺着支干去发展分支，过程中掌握住关键词的原则。

在这张研读计划思维导图的颜色应用上，我选择了四种不同的颜色区分“申请动机”“研究领域”“未来展望”“个人成就”四大部分，每一种色彩的选择都有我个人赋予的意义联结。

申请动机，我选择用绿色，因为我觉得申请动机是一件事情的开端，而绿色给我的感觉就是一种代表开始、生命力的色彩。

研究领域，我选择用蓝色，因为蓝色是一般大众觉得代表专业的色彩，给人冷静、深沉、专业的感受，并可联想到研究。

未来展望，我选择用红色，代表积极热忱、活力充沛、充满希望、热情热血，因为我觉得未来是充满希望、怀抱热忱、勇敢向前的。

个人成就，我选择用紫色，因为紫色的光是人类可视色彩波长中最短的，意味着崇高精神与理想，我觉得紫色可以代表我的理想、理念实现、个人成就。

在我自认为重要的地方加上小图标，例如加上星号。因为在思维导图中加上小图，会更吸引人的注意，也是标示重点的方式。

在绘制思维导图的过程中，要注意尽可能符合思维导图的绘制原则、流畅度、逻辑性，确保评审教授们能轻易阅读与了解，这样才能收效显著，获取高分。

在完成整张研读计划的思维导图之后，这张思维导图其实就是我要写的研读计划报告文章的架构，有了这副扎实的骨架（思维导图），开始延伸发展肉与皮（文章）。这种写作方式格外轻松、快速、精实、完整且富有结构性，搭配思维导图的呈现，更加令人易读又难忘。

这张研读计划思维导图带给我的帮助，不外乎是让我用较少的时间轻松快速做出清楚、明确又精准的研读计划，架构完整、内容切题，不伤评审教授们的眼睛和脑筋。毕竟他们要看很多考生的研读计划，时间也相当有限，我必须在最短的时间内让评审教授们看到重点、看到亮点、看到我的与众不同、看到我的专业，而使用思维导图让评审教授们轻松阅读与理解，更让我轻轻松松高分上榜！

孙易新老师点评

不少思维导图法的爱好者常有一个困惑，就是知道思维导图法对我们一定是有帮助的，但自己在使用时，画好中心主题图像之后就卡住了，不知如何展开第一阶层的主要主题，抓不到该从哪些方向去思考这件事。

其实这和一个人的背景知识、生活经验、知识积累之后所建立的认知基模是有关联的，这也是教育心理学家皮亚杰（Jean Piaget）所指称的人类吸收知识的基本架构。例如构思活动，我们会从 5W2H 七个方向去思考；阅读一篇故事，会从开始、经过、结束去了解剧情的发展，或从人、事、时、地、物去掌握关键点；撰写一篇论文，我会毫不犹豫地从代表中心主题的论文题目，展开绪论、文献探讨、研究方法、结果与讨论、结论与建议五大主要主题，因为这是我撰写过数篇学位论文之后，深植在脑海的一种论文写作基本架构。

而这就是为什么我一直强调只有思维导图这个工具是不够的，

还必须依目的性结合许多不同的管理工具、学习策略或思考模式等，才能真正对提升思考力与学习力有所帮助。

湘庭在构思她的研读计划时，从中心展开的四个方向即是学校要求写作的四大主题，这是一种非常好的选择，值得大家模仿学习。因为评审想从这几个方向来了解考生，我们就从这几个议题去发挥创意，但又不至于离题，这是一种在既有的基础或架构上去完善的渐进式创新，而不要随意列出一些自己想表达，但评审不一定想知道的事情。

这张思维导图在逻辑分类上做得很好，不仅是第一阶层的主要主题，第二、第三阶层的分支主题，就是中类、小类的层级上，也都值得大家参考学习，这就是思维导图“法”的重要功能之一：层次分明的思考模式。

不过我也发现在这张思维导图当中，有些小地方还可以做得更好。例如右下方从“世界大学—网络排名”以下的信息，如果将具有相同概念的关键词整合在一起，会显得更有系统性。

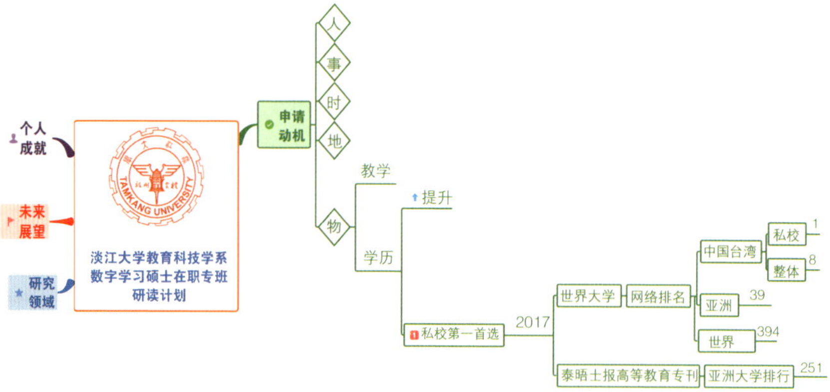

图 2-7c-2 研究所进修计划思维导图修改建议

延伸应用：学习乐器的计划、学习运动项目的计划、准备证照考试的计划

8 应用

激发启动视觉思考

古希腊哲学家亚里士多德说过，思考事情时，通过可视化的形式，可以让想法源源不绝地展开。

而从过去历代杰出人士的手稿当中，亦可发现大量使用到图像或组织结构表，例如达·芬奇、达尔文等。

近几年来，视觉图像记录也在中国各地逐渐蔚为风气。由于**思维导图法强调简洁的关键词、逻辑分类与因果关系的组织结构表、充满情绪感受的色彩，以及凸显重要概念的图像**，因此颇受视觉图像记录师的青睐。

我在之前所出版的《思维导图应用宝典》书中即明确指出，思维导图法的主要工具是英国东尼·博赞（Tony Buzan）所提出的思维导图，但也可应实际的需要采取其他的组织结构或图像、符号来呈现我们脑中的思维。

例如在扩散思考时，可采用曼陀罗法的九宫格、莲花图；在分析想法之间的关系时，可采用概念图；如果要说明过程的话，则可以采用流程图等。

接下来，让我们继续以实际案例来瞧瞧，在思维导图当中融入大量的涂鸦，会带给我们哪些意想不到的好处。通过可视化的表现形式，真的可以刺激脑力全开？

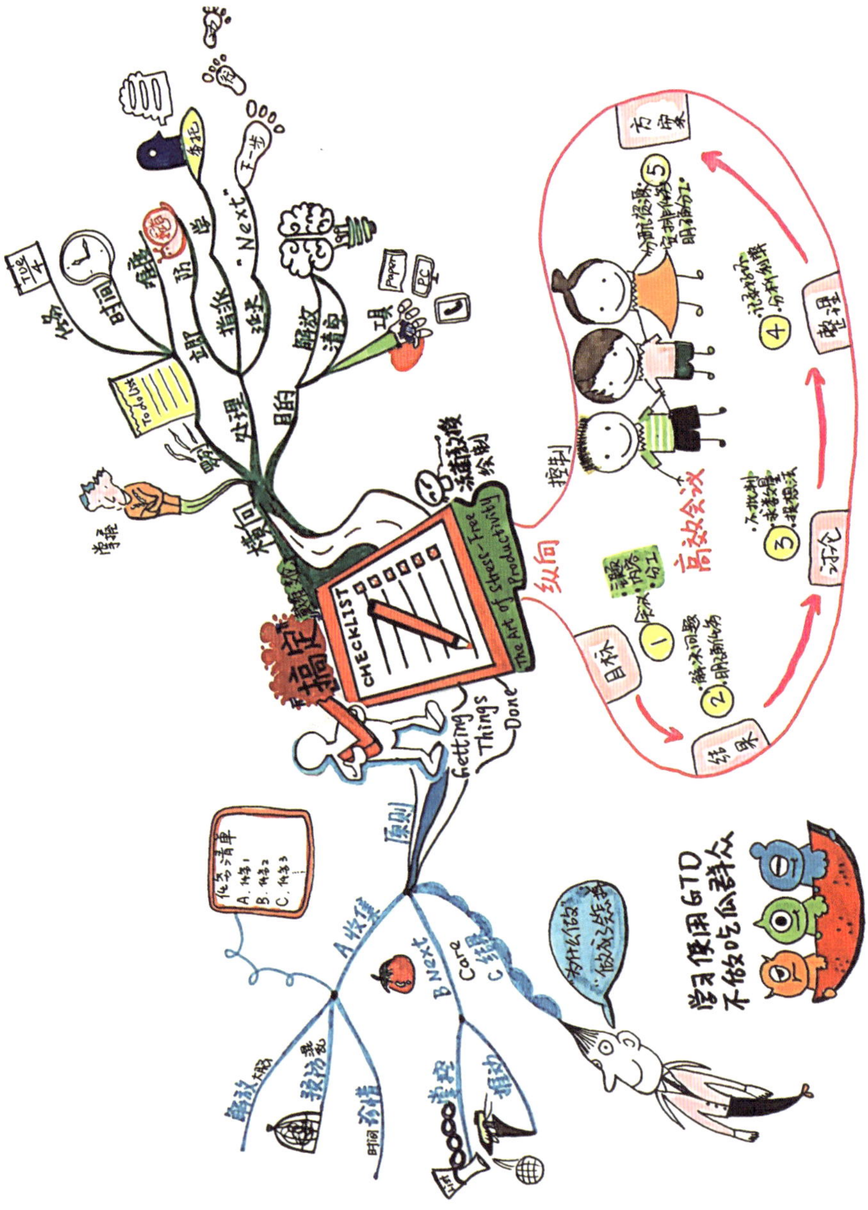

图 2-8 在思维导图中“涂画”，启动视觉思考力

王蓉琦（冻菌）
思维导图法专业讲师
孙易新思维导图法讲师班 34 期结业（2017 年）

很多刚接触思维导图的人，总是误认为手绘思维导图需要会画画才能够完成。而我身边有太多的朋友，因为丰富的色彩和有趣的图画开始对思维导图感兴趣，却也因对画画感觉望尘莫及而不得不打消精进学习思维导图的念头，更甚者带着对思维导图图像呈现的误解，拒绝学习这样一项高效有趣的笔记工具。

在思维导图中应用图像的技法，与其说是画画，不如解释为“视觉语言的表达”更为准确。由于我们绝大多数人并没有在学校得到在视觉语言表达上充分的教育，加上家里如果没有人喜好画画，又或者在工作中很少应用到视觉语言，难免就会对“画画”产生很大的误解。比如将“画画”，准确来说是“涂鸦”，与“艺术画作”创造等同。那么，我们带着这样的误解或是“视觉表达一文不值”的成见进行思维导图的学习，就难免心生挫败和排斥，给自己的学习认知和更迭带来负面影响。

倒转时光，回忆一下我们的童年吧！绝大多数的孩子都很乐于涂涂画画，在我的课上，很多学生常在拾起画笔随便涂抹之后，告诉我，画一画让人觉得很放松，画着画着还真有那么一点儿上瘾的感觉。其实“涂画”会让我们快乐，因为它是我们与生俱来的一种能力，在没有发明文字以前，我们的祖先为了沟通表达，最先开始应用的就是画画。因此，当我们唤醒这项能力时，就像重新找回了身体中那个开心、纯真的自己。

相对于思维导图笔记术，孙老师提出了思维导图法。在这个

“法”中，我们运用的图像不再局限于常见的图形、符号或艺术字，通过灵活应用可视化的组织结构，如流程图、概念图、树状图、鱼骨图、九宫格等加以辅助，便让思维导图法的呈现更能体现出我们的心智程序，让我们在记录知识时，无论是面对有逻辑性的分类结构、因果关系或无逻辑性的自由联想，都变得更加自如。

下面就以我阅读学习戴维·艾伦《搞定》一书的手绘思维导图为例，谈谈我是怎么通过在思维导图进行视觉呈现练习，进而启动自己的视觉思考力。

首先，我根据书名《搞定》联想到清单检查表（checklist），将其确定为中心图主图后，为表达 getting things done 这个动态过程，左边加绘了一个简笔卡通人抱着代表“完成”的红钩走向清单检查表。

其次，按照书中三个主要内容：横向整理任务、纵向管理项目以及三个关键原则，将思维导图的主干分别确定为横向、纵向和原则。在绘制“横向”主干时，以一条通畅的道路上站着一个双手环抱胸前、让人感受到掌握一切的卡通人，表达面对整理任务时的从容心态；同时在“原则”这个主干，用一条道路中包含一条蓝色线路来表达原则感。

再次，因纵向管理项目是以开会为例，于是我画出了一个类似圆桌的图形，然后根据“确定目标和原则”“展望结果”“脑力激荡”“组织整理”和“明确行动方案”的流程，按照椅子摆放顺序分五个步骤呈现，并将每一步骤关键点呈现在序号旁。

最后，将横向支干上的任务列表罗列，用文字“罗列”+图形“列表”的方式呈现；将下一步行动用“行走的脚掌”来表现；用“一只手握着象征工具的齿轮图形”和“手背后心形的背景图”

表达使用纸质列表、电脑文档和手机软件等极少数的储存工具，以避免耗费心力。

在纵向支干上画出“三个手牵手的卡通人”，代表明确任务后带来愉快高效的合作。

在原则支干上用“链条扣住清单”代表掌控，用“一只脚要踢球”表达推动，用“一个微笑的卡通人在思考为什么要做、如果做成了会怎么样”来表达学会关注结果。

每一个人都可以具备自己的视觉语言表达能力，“涂画”启动了我们的视觉思考力，增进了我们对信息的回想、记忆与理解，极大地提升了认知力。

因此，如果你还在为“我不会画画”而限制自己，不如放下“完美主义艺术品创作”的思维，在思维导图法中自如“涂画”，启动自己沉睡已久的视觉思考力。

快动手试试吧！

孙易新老师点评

蓉琦这张阅读《搞定》一书的学习笔记，可以说是在思维导图融入视觉图像记录的元素，也可说是在视觉图像记录中采用了思维导图，让我们在阅读时，不仅吸引注意力，有一种赏心悦目的感受，而且对内容也能清晰明了地掌握。

在这张思维导图当中，从书中核心概念“getting things done”，以及“横向整理任务”“纵向管理项目”与“三个关键原则”三个主要内容，展开三个主要主题来记录书本中的重点，分别是横向、纵向和原则。而就“横向”“纵向”这两个关键词，我认为有修改的必要。

因为思维导图中的关键词，应尽量以意象鲜明的语词为优选，当我们从中心主题“getting things done”，读到“横向”“纵向”这两个主要主题的时候，大概还搞不清楚它们是想要表示什么概念。但如果把横向改成“整理任务”、纵向改成“管理项目”，是不是在脑海中会更加清晰地理解这张思维导图记录了书中哪几大主题呢?

延伸应用：**会议记录、上课笔记**

03

家庭生活

思维导图法的生活应用之二

上学的目的是什么？最基本的当然是学习知识、训练技能与培养健全的人格，以便在面对生活中的各种挑战时，有解决问题的能力。

时至今日，思维导图法已逐渐被各级学校导入作为教师教学与学生学习的方法。不少参与“思维导图法融入学科教学”研习的老师，在课程第一天就迫不及待想要知道，如何应用思维导图法帮孩子提高成绩，可是却忘记了解孩子们喜欢思维导图法吗？孩子们会使用思维导图法了吗？

我一再强调，学习思维导图法的最佳途径就是“生活化之后再课业化”，也就是从生活情境中去熟悉思维导图法的技巧。将思维导图法内化成为自己的能力之后，要融入学校课业中，甚至是融入未来工作职场上，才能真正得心应手。

因此，第三部分将通过几个案例，说明思维导图法在家庭生活中的应用。请你在阅读之余，不妨也试着模仿书中案例主题，动手做做看，甚至应用到生活中的其他层面，然后与家人、朋友分享你的成果！

1
应用

子女教养与沟通

由于受到生育政策的影响，加上每个家庭的经济水平普遍提升不少，比起上一代的父母，现在的家长对孩子的教养出现了新的迷思，包括：

1. 过度照顾、过度安排。

2. 害怕孩子输在起跑点，到处补习课业、学才艺。

3. 只依自己的期待，过度完美地要求孩子，而忽略孩子的兴趣与多元能力的培养等。

我们相信，每个父母的内心其实都期望教出品格良好、身体健康、头脑聪明的小孩，这点从有关教养子女的书籍总是名列各大书店热销书榜就可一窥端倪。但是，如何将书本中的知识落实到生活中的行动计划呢？

重视孩子教养的克羽与佩芳都是思维导图法的爱好者，思维导图是他们家庭的共同语言。想要给孩子一个健康的成长环境，让孩子在欢乐中学习、欢笑中成长，就绝对不能随兴地一天过一天，毕竟时光是无法倒转，孩子的成长是不能重来的。

因此，花个五分钟，以思维导图构思一下，让每一个家庭活动都可以在轻松活泼中带有意义。

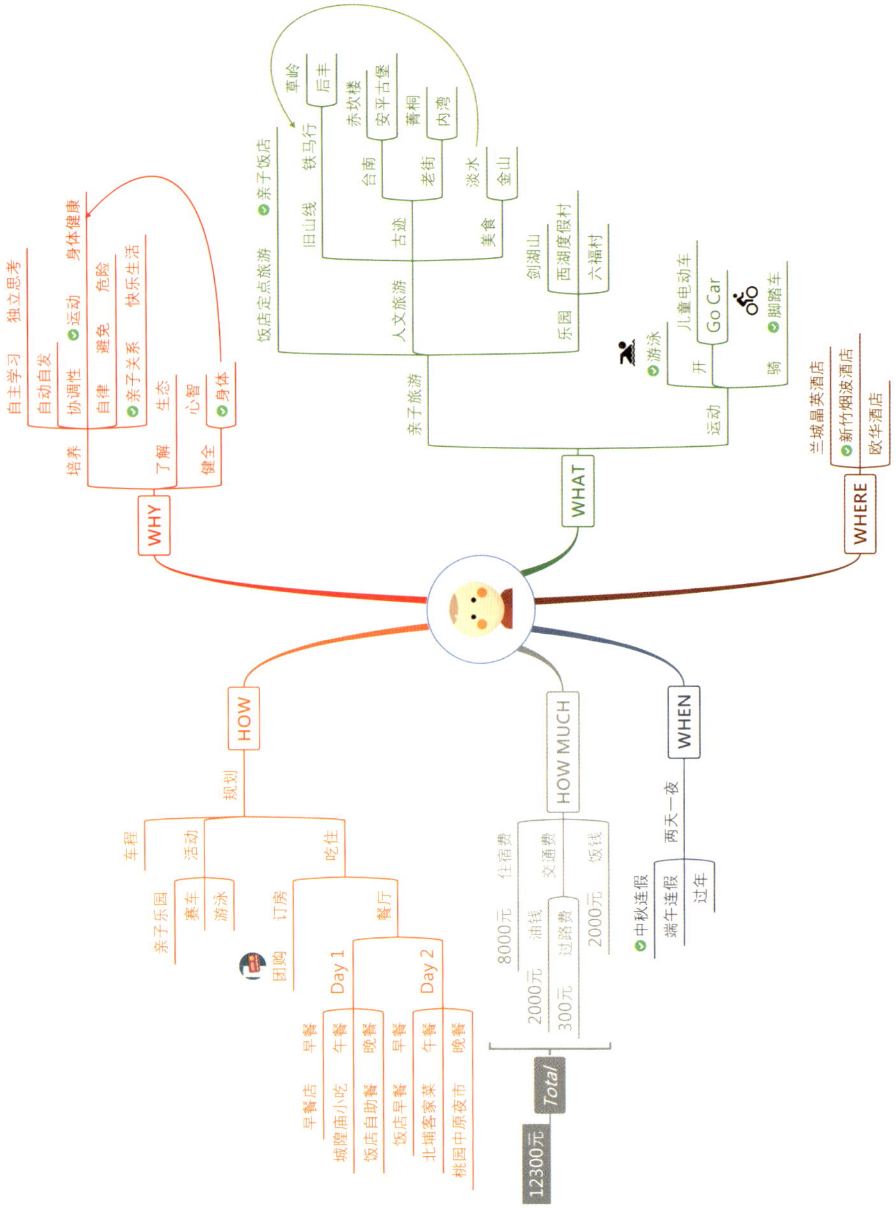
WHY
培养
自主学习
自动自发
独立思考
协调性
运动
身体健康
自律
避免
危险
亲子关系
快乐生活
了解
生态
心智
健全
身体
WHAT
亲子旅游
饭店定点旅游
亲子饭店
人文旅游
旧山线
铁马行
草岭
后丰
古迹
台南
赤崁楼
安平古堡
老街
菁桐
内湾
美食
淡水
金山
乐园
剑湖山
西湖度假村
六福村
运动
游泳
开
儿童电动车
Go Car
骑
脚踏车
WHERE
兰城晶英酒店
新竹烟波酒店
欧华酒店
HOW
规划
车程
活动
亲子乐园
赛车
游泳
吃住
订房
团购
餐厅
Day 1
早餐
早餐店
午餐
城隍庙小吃
晚餐
饭店自助餐
Day 2
早餐
饭店早餐
午餐
北埔客家菜
晚餐
桃园中原夜市
HOW MUCH
住宿费
8000元
交通费
油钱
2000元
过路费
300元
饭钱
2000元
Total
12300元
WHEN
两天一夜
中秋连假
端午连假
过年

图3-1a 家庭亲子活动

卓克羽

科技公司项目经理

孙易新思维导图法讲师班 27 期结业（2015 年）

现今的教育环境，大多都是读书至上、文凭至上，好像只要会读书，就会功成名就。虽然从小教育都是以德、智、体、美、劳为出发点，但现实却是畸形发展。对于小朋友，总是希望他能健健康康地长大，培养出独立思考解决问题的能力，我觉得这是对孩子的未来最有帮助的部分。

所以，对于学龄前阶段的孩子，家长的陪伴是非常重要的，目前主要应培养他的身体协调性与兴趣，所以只要假日我都会安排生态、旅游、人文、育乐等相关活动，期盼他能快快乐乐地长大！而用计算机软件绘制这张思维导图，就是以思维导图法将我的养育方针转化为实际活动的方法！

利用 5W2H 将目标实现化。首先从目的（WHY，使用红色代表重要性）开始，脑力激荡发想深度的目的，并选取在此阶段最想达到的目的。接着列出做什么事（WHAT，使用绿色帮助发想方案）可以达成选取的目标，然后在地点（WHERE，使用大地棕色代表）、时间（WHEN，使用流水蓝色代表）、费用（HOW MUCH，使用钱币银色代表）方面逐一构思规划内容，最后总结如何做（HOW，使用橘色代表积极）。

另外，在“运动”这一类别当中的游泳及脚踏车加上插图，主要是我觉得这两种运动可以增加他的全身协调性；而在如何做的内容中，订房部分也加上插图表示重要性。

孩子的活动有许多种，运用思维导图法结合 5W2H 规划活动，可以更有创意、更有效率地在有限的资源内规划出符合当下的活动！

孙易新老师点评

克羽将思维导图法应用在工作上，已经有多年的经验，特别是大型工程项目，所以思维导图法已经内化成他的能力。更重要的是，他在构思规划这种家庭亲子教养学习活动时，也应用到思维导图创意思考法的技巧，思考每个主题都能先扩散出的许多想法，然后收敛为比较符合现阶段需求的项目。

例如在目的（WHY）中，他写出了许多想法，但收敛时聚焦在“运动—身体健康”“亲子关系”“健全—身体”等。在活动内容（WHAT）部分，能以插图标示出重点中的重点，也能运用关联线指出不同信息之间的关系，例如“健全—身体”与“运动—身体健康”，“淡水”与“铁马行”等。

克羽是典型的科技人，因此惯用计算机软件制作思维导图。其实这种亲子活动的规划，可以采用手绘方式，在父母的带领之下，让小孩参与讨论规划，从小就让小孩子从生活中接触思维导图法，对他们思考能力的培养，会产生潜移默化的影响。

各位读者，请拿出纸笔与家人一起用思维导图规划一个周末的家庭活动吧！或者想想看还可以应用在家庭生活中的什么地方。

想到了！近几年家庭中饲养宠物的风气越来越盛，但如何才能养出健健康康的宠物陪伴我们呢？尤其老龄化社会来临，宠物是陪伴长者的好伴侣，我们公司也有毛小孩担任公关职务，平时陪伴员工缓解工作压力，开课的时候（特别是寒暑假儿童班、青少班），它们就是小朋友下课时的毛绒玩具。为了照顾好我们的这几位毛小孩，负责它们的同事，以思维导图整理出宠物健康照护的注意事项。如果你家里饲养小狗的话，是不是可以直接参考使用？如果你饲养猫、兔子、迷你粉红猪、乌龟……不妨也自己动手整理一张思维导图吧！

宠物健康照护

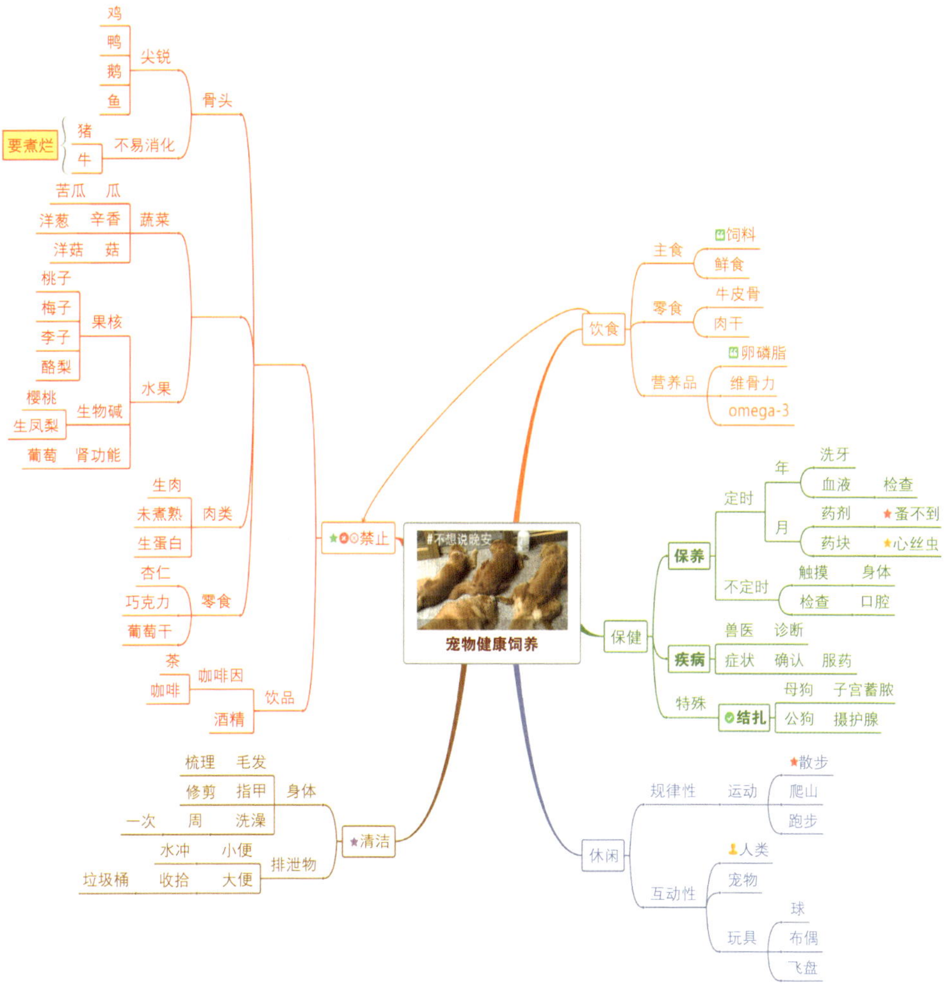

图 3-1b-1 宠物健康照护思维导图

张丽玲

浩域企业管理顾问股份有限公司行政专员

孙易新思维导图法职场应用认证班结业（2011年）

家里养宠物已经很多年了，长辈的养狗方式是很随兴的，人吃什么，宠物就吃什么，就算告诉他们哪些东西宠物不能吃，每个月要吃哪些保健品，却还是会忘记，所以我决定做一张思维导图，可以让他们一目了然。

首先列出最重要的五类：饮食、保健、休闲、清洁、禁止；之后再分第二类，例如“饮食”分出主食、零食、营养品，“保健”分出保养、疾病、特殊，以此类推。然后在重要地方加上小图标，这样就能提醒自己该注意的事项，也便于记忆。

运用思维导图整理后，清楚知道哪些东西是宠物可以吃的，哪些东西是绝对不能吃的，每个月要做哪些保健。同时也让我更清楚，照顾宠物就跟抚养小孩一样，每天必须喂食、清理、日常护理，牺牲自己的时间陪它玩，但也让我更加有责任感。

孙易新老师点评

现今不少人把宠物当作自己的家人，感情上相互依赖。但是身处忙碌的商业社会，常常忘东忘西，许多该做的事情、该注意的事项，一不小心就给忽略了，因而造成遗憾。

丽玲这张思维导图不论是从规划宠物饲养角度，或是作为检核的功能，都是一张非常实用的思维导图。同时有一个地方是值得大家参考学习的，就是右上方说明饮食与左上方说明禁止。

以思维导图法的逻辑分类原则来说，同一个阶层其类别属性应是相同的，例如第一阶的主要主题“饮食、保健、休闲、清洁”，但“禁止”也放在第一阶，它的概念与其他四类不一样，照理讲这样并不好。但是，丽玲从“饮食”拉了一条关联线指到“禁止”，意思是饮食允许的项目在右上方这个树状结构之中，而饮食禁止的项目说明在左上方。

因为这是丽玲自己使用的思维导图，所以这样的表达方式是允许的。对于她脑海中的思维结构而言，主要的分类是四大类，分别是饮食、保健、休闲与清洁，“饮食”之下分为“允许”与“禁止”。但如果这张思维导图用在教学或其他提供给别人看的场合，最好能将“允许”与“禁止”归纳在“饮食”之下。

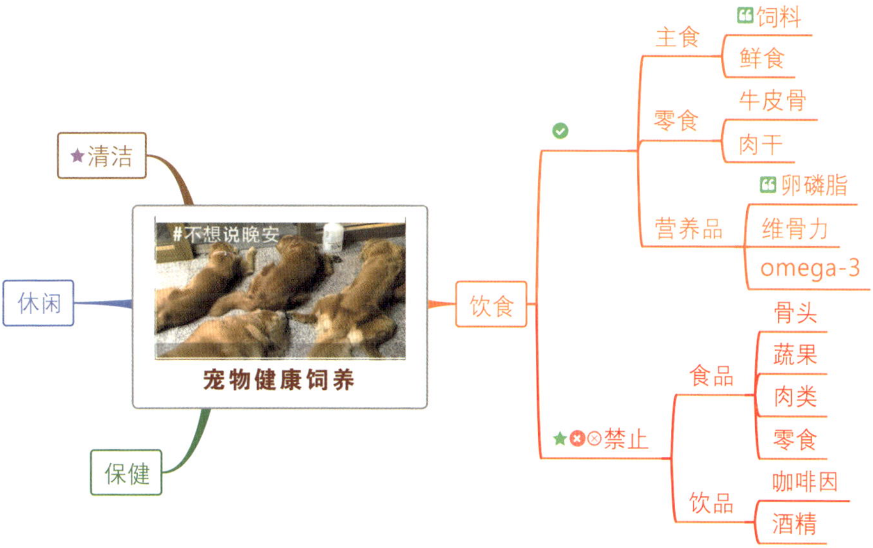

图 3-1b-2　宠物健康照护思维导图建议调整方式

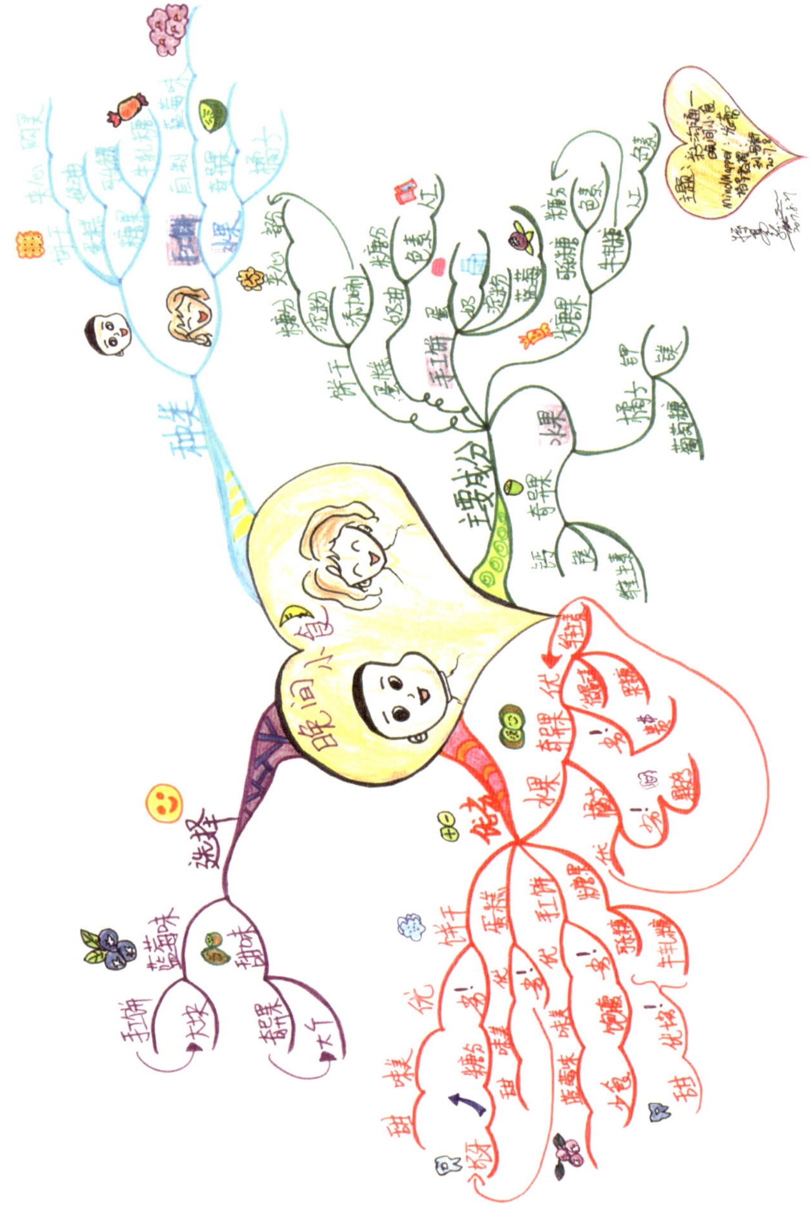

图 3-1C 亲子沟通：晚间小食思维导图

张蕾

思维导图法专业讲师

孙易新思维导图法讲师班 33 期结业（2017 年）

不满 5 岁的儿子在晚饭以后总喜欢吃一些小食品，刚开始我就随了他的口味，但后来发现他总是选择甜食，不仅导致了蛀牙，还由于糖分含量高，产生饱腹感，影响了第二天的早餐。

我多次跟他沟通都没有任何效果，儿子似乎根本听不进我在说些什么，因此我灵机一动，为什么不试着用思维导图法来沟通呢，就像看图说话一样！

于是，我便在某一天的晚间，跟他在书桌前边玩边画地完成这件事情。整张思维导图的中心主题就是“晚间小食”，我让儿子为其中的多个元素出主意，他就拿着他最心爱的简笔画大全，乖乖地在我身边发表自己的意见。以心形为中心主题轮廓来体现我们母子之间的感情，里面是我们沟通食物选择的场景。我们从四大方面来进行讨论，分别是晚间食物的“种类”“主要成分”“优劣”，以及我们最后的“选择”。

第一，在食物种类里，我们分别表达了各自的选择，并在自己认为最重要的那一项加上插图。我特意为他选择了含有他最爱的蓝莓口味的食物，和既营养又不失口感甜味的水果。当然，在这一步我仅仅把我的建议呈现给他而已。

第二，一边上网查询，一边写出这些食物的主要成分。因为是我们母子共同查询的，所以他对所查到的这些信息都是接受的，对于不太明白的东西，如人工色素、添加剂等，我会以他能听懂的方式为他做讲解。

第三，根据这些食物的成分，分别了解它们的好处和坏处。由于儿子已经知道自己选择的食物都是过甜的，而他的牙齿偶尔也会疼，因此他就明白吃甜食的坏处了，甚至还要求我把他的蛀牙画在上面，表示都是糖分惹的祸。

第四，我问他："妈妈建议的食物里，有你爱吃的蓝莓口味，是自己亲手做的蓝莓手工饼，还有你爱吃的、甜甜的但糖分没有那么高的水果，你觉得怎么样？"当他看到我画出一颗颗蓝莓和带着笑脸的奇异果，又看了一眼那两颗带洞洞的蛀牙，很高兴地接受了我的建议，还表示要去告诉他最好的朋友，以后晚上不要再吃饼干、糖果这些太甜的食物了。

这张我和儿子共同完成的亲子思维导图，就这样在短短的时间内解决了我一直很担忧，而他又一直都不同意的一个问题。不但让我们彼此达成共识，而且整个过程是很愉快的。

儿子在这个过程中学到了有关食物的知识，感受到了妈妈的爱心。这一切，都是因为思维导图法的图解呈现方式分类明晰、能感受色彩、去情绪虚化、直观，并且易懂、易于信息传递和互动等优点，才起到了如此功效，达成了共识，有助于沟通。建议大家也可以动手试试看！

孙易新老师点评

不少家长都问过我一个同样的问题，就是——"我的小孩几岁可以开始学习思维导图法？"

其实从两岁左右就可以开始接触思维导图法了！这时候孩子年纪虽小，注意力只能集中于事物单一向度或单一层面，无法掌握事物的全貌，思维倾向以自我为中心，并且缺乏逻辑性，但已经可以使用符号、图像来代表实物。因此，这个阶段的小朋友，只要有大人的陪伴，即可展开探索思维导图法的神奇之旅。

由于思维导图当中的分类阶层与因果关系的结构，让尚不具有逻辑概念的学龄前孩子，在大人的带领之下，也能循着思维导图内容的结构脉络进行对话，再加上充满图像与色彩的思维导图，更能吸引孩子参与其中，进行良性的亲子沟通，达成预期的目标。张蕾这张“晚间小食”思维导图，可以说是一个很好的亲子沟通案例，值得家长们参考学习。

延伸应用：跟长辈沟通意见、家庭亲子会议

2
应用

旅游必胜全攻略

旅游是人类最喜爱的一种有效的学习活动。

古罗马帝国时期哲学家奥古斯丁（Saint Aurelius Augustinus）说："世界就像一本书，而那些不旅行的人，只读了一页。"这句话同时也呼应了"行千里路，胜读万卷书"的道理。

但行千里路之前，倘若能先阅读前人积累经验所撰写的书籍，相信旅游的过程会更顺畅，学习的效果也会更好，这也是旅游景点专书一直很受欢迎的原因。

但是，旅游书籍不是很大本，就是又厚又重，常常增加行李不少的负担。自从3C产品盛行，智能手机或平板几乎成为每个人的基本配备，现代人逐渐习惯利用手机上网查询信息，这方式虽然很方便，但信息总是零碎的片段，甚至有不少是错误的，如果照单全收，可能会因此浪费旅游过程中许多宝贵的时间，甚至白白花了冤枉钱。

我常说："不正确、不完整的知识，比没有知识更可怕。"所以查询、确认、整理出正确的旅游信息，不仅可以事半功倍，玩得更尽兴，还可能帮我们看紧荷包，做最有效的运用。我们再来举几个旅游达人的例子，看他们是如何发挥思维导图法的功能，乐在旅游的。

景点简介

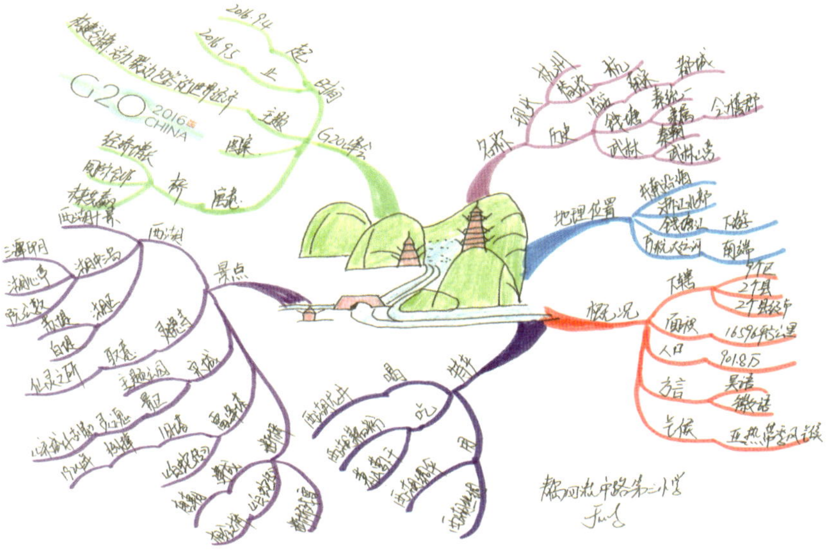

图 3-2a　杭州简介

于鹏

青岛四流中路第三小学教师

山东思维导图法种子教师培训班结业（2017 年）

每年假期，我们一家人都会外出旅游，杭州就是我们计划游览的一个城市，为了让旅游的过程不至于只是走马看花，而能够兼具教育学习的意义，因此，行前我就以思维导图的方式整理有关杭州的信息。

对于中心主题图像的选用，我首先考虑到了杭州的孤山、断桥、古塔、西湖，所以就取这几个意象综合成中心图像，让人一眼看出杭州这个城市的特点。

杭州是一座有着悠久历史的城市，不仅拥有深厚的文化底蕴，同时又是一座现代化城市，特别是G20峰会的召开，让这座城市再度焕发勃勃生机，吸引越来越多的中外游人前来观光旅游。

为了更加深入、透彻地了解这座城市，我查阅了很多数据，以及参考驴友们提供的旅游攻略，决定从杭州的名称、地理位置、概况、特产、景点和G20峰会这几个方面来了解杭州，而它们就是我这张思维导图的六大主要主题，也就是六大类信息。然后将每一主题相关的信息或我有兴趣的内容整理写在每一类别之下。

孙易新老师点评

为什么思维导图的中心主题最好以图像方式来呈现？用纯文字的方式可以吗？这是初学思维导图法的学员常发出的困惑，在本书第一部分的Q20，已经说明了全图、全文字与图文并茂思维导图的应用原则。

于鹏这张思维导图的目的，是在这次假期家庭旅游之前，对即将前往的景点先有个大致的了解，所以旅游的地点很明确，就是杭州。中心主题不书写文字，而只是以杭州的几个特色景点来组成一个图像，这是很不错的方式。倘若这是读书时的学习笔记，或是个人的知识整理，最好采用图文并茂的方式来呈现中心主题，否则过一阵子之后，光是看这个山中有寺庙、山下有河流小桥的图像，恐怕一时之间难以判断是在介绍哪一个城市。

在这张思维导图当中也有一些地方略做调整会更好。那就是思维导图原则上每一线条上的文字，最好只写一个关键词，除非碰到不可分割的概念，可以写一串字，否则避免在线条上写好长的一串字。像是左上角 G20 峰会的主题“构建创新、活力、联动、包容的世界经济”，可改用一个与内容有关联的图文框形式来表示，例如以一个两边插满各国国旗的大会议室舞台为图文框，然后把峰会主题那串字写在舞台的布幕上。

此外，如果觉得有必要针对景点中某一个小主题进一步了解，可以就这个主题另外整理出一张新的思维导图，而不要把所有的内容都塞在同一张思维导图当中。例如，对某个地方的美食有兴趣，就整理一张以“美食”为主题的思维导图。

美食特搜

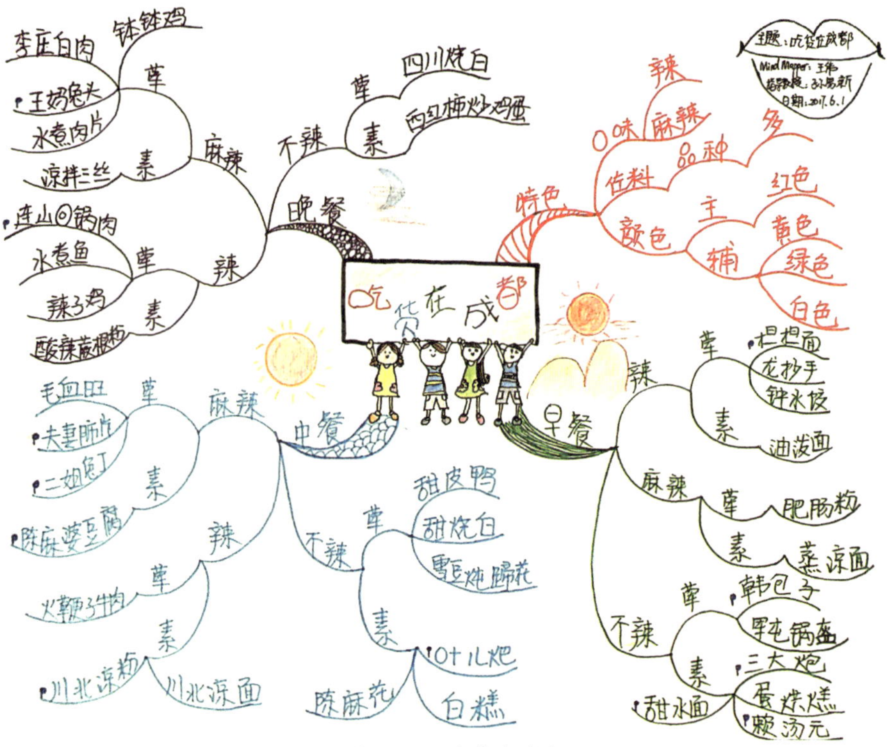

图 3-2b　吃货在成都

王伟

思维导图法专业讲师

孙易新思维导图法讲师班 31 期结业（2017 年）

缘起于 2017 年 5 月在天津举办的中小学生教学师资精英培训课程，每天的吃饭时间成了最放松的时刻，这其中当然离不开吃的话题。每次一聊起吃，大家总是绘声绘色，口水满天飞，仿佛身临其境，就置身在天府之国——成都。

于是孙老师就说：“请王伟画一张关于四川美食的思维导图，让更多人来到成都的当下就成为吃货。”我爽快地答应下来，然而直到真正下笔，才发现不容易，因为这个话题很广，如何才能够凸显我这张思维导图的实用性呢？我左思右想，修改了很多次，才有了今天这张“吃货在成都”。

中心主题的图像用四个不同衣着的人物，代表四川欢迎四面八方的来客。每个地区的人的饮食风俗各有特色，人们都会按照生理习惯进餐，所以我决定用特色、早餐、中餐、晚餐作为主要分类，也就是思维导图的第一阶层。

每一类后面的第二阶层逻辑是什么呢？我的做法是按照川菜的特色分为麻辣、辣、不辣，把外地人最常吃、必吃的，包含十大人气小吃（图中以小豆芽图示标注的菜名），分门别类地呈现出来，这样就能帮助每一位看到这张思维导图的人快速了解成都美食，然后根据个人喜好去做选择。

无论你是谁，按照这张图的指引逐一吃完后，不仅能满足您的五感享受，同时还能了解这些小吃的起源故事。所以成都绝对是一座您来了就不想走的城市！我爱我的家乡，四川欢迎您！

孙易新老师点评

一张思维导图中，已经删除了很多赘字，只写出必要的关键词。但是，重点中还是会有重点，这时就可以在那些关键词旁边加上与文字内容有关联的图像，目的在于吸引目光的注意，以及强化对内容的记忆。

王伟画的这张思维导图，从中心主题以及主要主题上的几个插图，都能意象鲜明地表达出，她身为四川人欢迎来自四面八方的客人，也乐于分享早、中、晚餐在成都可以享受什么美食。她在分类的优先级上，也充分掌握了思维导图法在分类阶层化的原则，亦即越重要的因素放在上位阶。因此，她的考虑先以游客的三餐为主，其次是四川菜的特色，然后是饮食习惯。

依据思维导图法的规则，在细节的内容中，如果有重要的信息，也是要加上插图。这张思维导图的目的是在帮助游客旅游成都时，可以轻松挑选、享用美食，而不是中小学生的地理课思维导图笔记。所以只要达到按图索骥的目的，不需要记忆思维导图的内容，在必吃的美食项目上，标注“小豆芽”图示是可以的。反之，如果是准备考试的思维导图笔记，在关键词旁边所加的插图必须跟文字内容产生关联性，这样才能帮助记忆。

出门旅游时，常常为了打包行李伤脑筋吗？常会带了一大堆用不着的东西，真正需要的却忘了带？这是因为我们习惯以过去出门旅游的经验，把可能用到的物品放进行李箱。但是，每次旅游的目的都相同吗？活动内容都一样吗？季节、地点都不变吗？以上几个问题只要有一项不同，所需携带的物品就会不一样。

因此，构思物品清单时，需有清晰的逻辑分类结构，以便检核时能清楚地进行盘点。我们先来看看下面这张露营装备思维导图。

露营装备

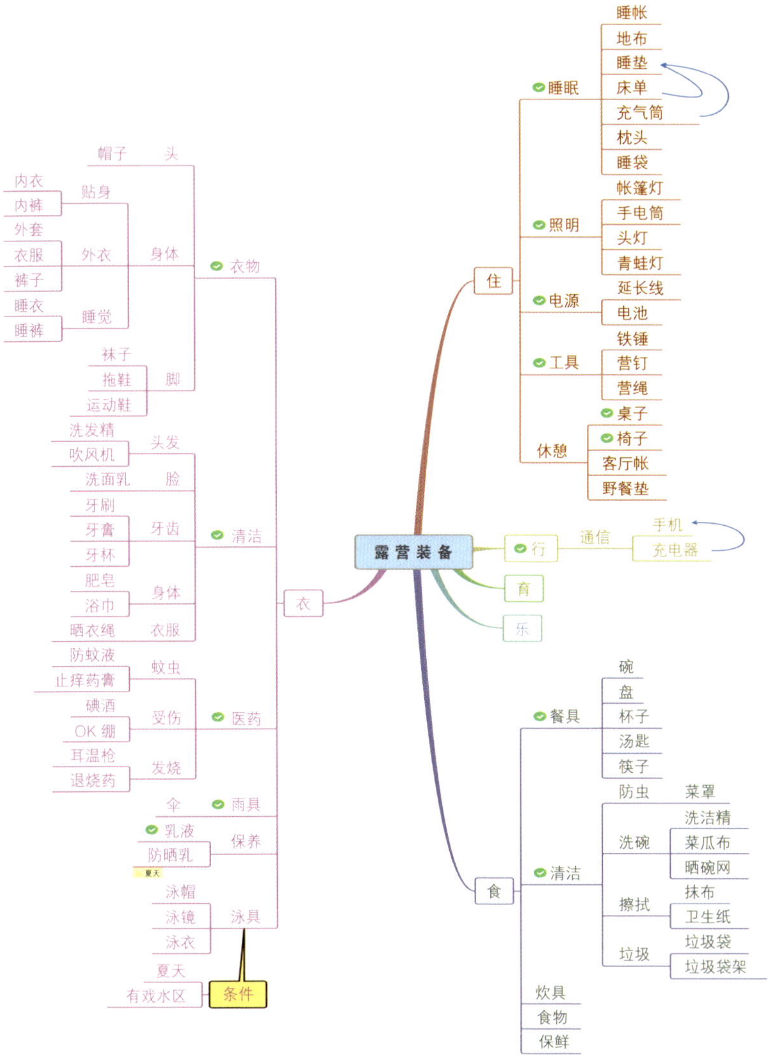

图 3-2c-1　露营装备检核表

黄靖芬

浩域企业管理顾问股份有限公司经理

孙易新思维导图法讲师班 25 期结业（2014 年）

露营是时下流行的户外活动，虽然现在营地几乎都有提供基础的水、电及卫浴设备等，可是要携家带眷在一片空地上搭建出一个“家”，还是有很多必须准备的“家私”。

我们刚开始露营时，是直接使用露营前辈分享的装备清单加以增修，但这份长长的条列式清单很容易看得眼花缭乱，每次整理装备总是要花很多时间核对，还是很容易漏东漏西，所以我决定自己重新制作一张“露营装备检核表”思维导图。

既然是在户外盖一个“家”，思维导图的第一阶就决定从食、衣、住、行、育、乐开始，把原本条列式的物品一项项归类进去。然而某些类别物品还是太杂乱，所以我再仔细依据用途做出第二层的分类，例如“住”的部分再分出睡眠、照明、电源、工具和休憩五类，而“食”的部分则分成餐具、清洁、炊具、食物和保鲜。

每一个大类都整理好之后，接下来我再用打钩的图标标示出“必带物品”，而没有打钩的，就是可视情况决定是否携带的物品。其中“衣”这一类的防晒乳是夏天才需要携带的，所以另外用标签方式说明，而泳具必须是在夏天且营地附近有戏水区的状况下才需要携带的，由于条件比较多，用批注的方式分项列出。

最后针对特定物品，如果想要提醒自己需要带多少个，也可以在那项物品后面多增加一层，写出明确的数量，例如“3 个”，这样清点物品时就更明确，不怕会遗漏！

自从运用思维导图整理露营装备后，每次露营前只要先确认是否有增加“必带”的物品，例如需要自己下厨就得携带炊具、食物和保鲜用品，夏天且能够玩水就要带防晒乳和泳具，接下来就可以开始依据类别一项项整理行李了！

因为已经过仔细分类，并且用不同主干和颜色区隔，整张思维导图一目了然，所以在核对时又快又轻松，也不会再遗漏东西了！

孙易新老师点评

将数据进行分类的时候，可以是根据数据的特征属性，也可以根据任务目的性。一般大卖场物品的陈列，是依据东西的属性，同一个架上的物品可能是相同的，只是品牌不一样，同一区则都是放类似的东西。因此，采购清单的思维导图就可依照卖场陈列方式与顺序来作为思维导图的分类。

但是靖芬的这张思维导图是为了解决一家人出去露营时，生活所需的物品而整理出来的，因此她采用了任务形式的分类方式，这是比较好的选择。因为通过任务分类，脑海中会出现情境画面，你可以依照剧情的进展去思考需要带哪些东西。如果物品本身与其他东西有关联性的话，可以用网状脉络的关联线来示意，例如右上方的“充气筒”是为床单与睡垫打气用的。

检核用的思维导图，在区分必需品与弹性需求品的应用技巧，基本上在上位阶层被选取为必需品，就代表它的下位阶都是必需品，除非是遇到资源很有限的情况，才需要进一步针对下位阶的类别物品进行判别。

从靖芬的这张露营装备检核表可以发现，有些是在代表大类概念的第一阶，就标示出整个大类所涵盖的物品都是必需品；有些则是标示在代表中类的第二阶；有些是标示在小类的第三阶。

但是，如果针对某个必须携带的大类的各个项目，在特定的情况下，若有必要进一步做出优先级选择，则可再以不同符号（如星号）来标示，这是一个实用的小技巧哦！

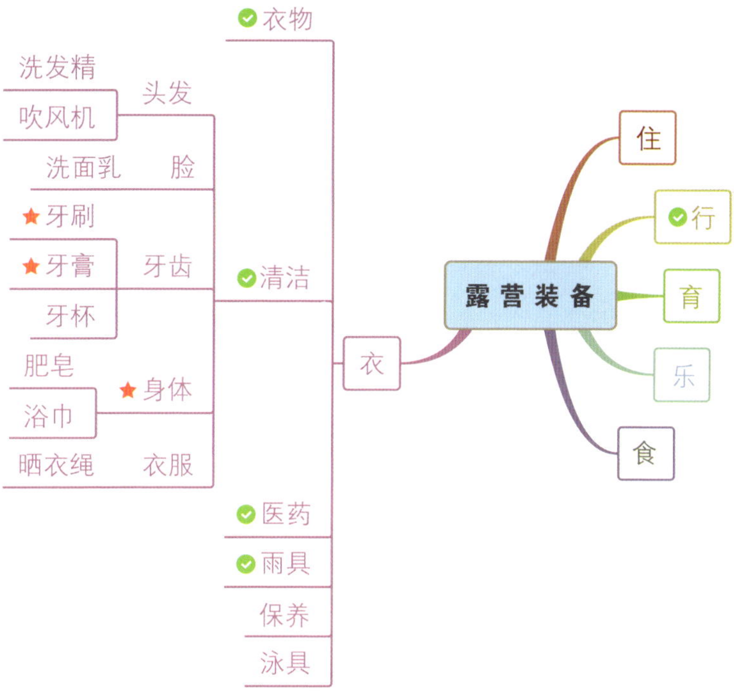

图 3-2c-2　进一步做出优先级的选择

延伸应用：博物馆导览图、游乐园全攻略、旅游交通规划

3
应用

献上你的温馨祝福

由于社群 App 的流行，大家应该很习惯没事就划一下手机，到好友圈看看大家的动态。但是每遇到节日，看见千篇一律或类似的祝福语图片，大概就是很快划过去，不仅没看清楚是谁发的祝福，甚至可能对这种刷屏感到有些不耐。

你希望自己的祝福被朋友接收到吗？甚至被朋友收藏吗？德国心理学家雷斯多夫（Von Restorff）的研究指出，日常所见所闻的大量信息中，人类最容易记住比较特殊的部分，同时偏向以视觉形态吸收信息，这时思维导图就体现出这项优势了！

圣诞卡片 ▶▶▶

图 3-3a　圣诞卡片

李珮瑜（Erin）

思维导图法专业讲师

孙易新思维导图法讲师班 1 期结业（2001 年）

绘制这张思维导图是在 2015 年接近圣诞节的时候，由于现代网络的发达，许多人已不再写卡片，大多直接转载贴图或电子卡片，让我觉得少了份手写的心意，于是利用所学的思维导图法，将我想要传达给好友们的祝福，利用一张图看清全貌，也增添生活创意和情趣。

首先思考一下，这次我要做的是圣诞卡，在纸张的正中间，该画出什么样的中心主题图像来代表欢乐的圣诞节呢？最直接的图像就是“圣诞老公公和圣诞树”。

接下来，把我想要传达的内容，依据顺时针方向开始进行分类，分别是祝福（暗红色）、提醒（橘色）、希望（紫色）与共勉（蓝绿色）。其绘制细节如下：

“祝福”：颜色使用加深的暗红色线条，是强烈的情绪意识和暖心表达，也是一种活力象征。图像是心想事成和天天开心，表示这两件事非常重要。

“提醒”：颜色使用橘色线条，是有变化又刺激的意识表达。图像是注意低温（8℃）变化，记得要添衣御寒，保持身体健康。

“希望”：颜色使用紫色线条，是带来稳定能量和智能。图像是点燃希望的烛火，在未来一年（2016）能够拥有百分之百的幸福。

“共勉”：颜色使用蓝绿色线条，是有传送创新知识的表达。图像是期望通过这张思维导图卡片，与好友们相互学习和成长，尤其在知识、智能、心灵层面。

我将这张思维导图以贺年卡形式寄给朋友，并且在脸书上分享，引发不少朋友的好奇与互动留言，无形中增进了人际关系。朋友们觉得思维导图当中的图像可以提升印象、记忆深刻，也容易理解我想传达的内容，让我更加觉得这是一种很好的创意沟通方式。

孙易新老师点评

珮瑜的这张思维导图圣诞卡片以简洁的关键词与图像，向好友们传达内心无限的祝福。

其实各种节气的祝福语，我们都耳熟能详，不论是在哪个社群聊天室发祝福语，不知你有多少耐心仔细看，是不是都很快就在手机屏幕上划过去，甚至连是谁发的恐怕也没看清楚。

但是，如果屏幕上突然出现一个比较不一样的画面，是不是会让你暂停一会儿，甚至点一下它，多瞧个两眼？是的，思维导图就是有这种魅力。

我们都听说过：“一幅画胜过千言万语。”但是图像有其优点，也有它的限制。通过思维导图组织图像，不仅活泼又富有趣味性，让想象无限飞扬，亦不失其逻辑结构性。

除了各种祝福卡之外，感谢卡也可以采用思维导图的方式呈现。图中的文字说明虽然可能多了一点，但是只要抓到精简的关键词，让收到的人快速掌握并理解你想要说的话，自然可以同时深深感受到你的诚意。

2017 年秋天，我在深圳举办为期八天的职场教学应用师资班，其中一位学员王蓉琦在课后以一张图文并茂的思维导图感谢我对她的指导，在看完内容之后，真的令我好感动！

从本书第 117 页这张思维导图中，你可以了解蓉琦想要对我说的话吗？

图 3-3b　感恩卡

今天是几月几日？接下来是啥节日呢？你有想要感谢的人吗？不妨动手以思维导图的方式画一张向朋友传递祝福吧！

延伸应用：生日卡片、会议通知、活动邀请卡

4
应用

感动的创意婚礼

传统的婚礼虽然有不少繁文缛节，而且各地方习俗多少有些差异，但那总是我们的传统文化，多半带有喜庆、美好的寓意。

从六礼的准备，到迎亲当日的各项流程，举凡（男方）出发、燃炮；（女方）插早稻与红春花、吃上轿、等待请女婿、讨喜、（新人）辞祖、拜别、遮头纱、递亲家帖、搬嫁妆、绑竹子、出阁、上礼车、燃炮、泼水、掷扇、撒缘、踢轿门、摸橘子、接竹梳、牵新娘……数不胜数。

现代年轻人连知道有哪些项目都已经很少了，更不要说了解内容是什么，嫁娶流程是如何进行。而类似这种包括时间顺序流程与内容说明的情况，传统条列式笔记肯定是写得密密麻麻一大串，在忙碌的婚礼过程中，不仅在查阅检视上有障碍，而且很容易就会漏掉一些事项。

思维导图法是一种关键词思考法，所谓“关键词”，就是看到它，就可以理解整体的意思。所以在思维导图当中我们舍弃传统一大串文字的呈现形式，都只提取关键词，再根据实际应用的需求，例如婚礼流程或筹办企划的逻辑架构，做出系统性的思考模块，让我们忙而不慌、杂而不乱，在欢乐中迎接幸福的时刻。

下面我们就从两个婚礼案例来进一步说明。

民俗婚礼流程 ▶▶▶

图 3-4a　结婚当天女方家上午流程

朱俊

思维导图法专业讲师

孙易新思维导图法讲师班 31 期结业（2017 年）

我的一位学生，她的闺密要结婚了，结婚当天女方家有很多事要做，头绪繁多，她很想画张思维导图帮闺密厘清各项事务，就来找我帮这个忙。我详细询问当天上午女方家有哪些事情要做。她描述了很多，我快速地用思维导图记录下来。

刚开始是依不同的人要做的事情进行分类，整理完毕之后，觉得不是很满意，对婚礼当天的执行流程帮助不大。

于是我想到用时间线，按照当天的流程来做框架，这样的思维导图会更明确。每个流程下，再依事件或人物，分配不同的事情，就会容易很多。所以，用化妆、堵门、游戏、仪式、出门五个流程环节作为主干，然后以每个环节的不同重点考虑下一层级。

比如“化妆”，主要分面部和发型，再具体到哪个人；“堵门”呢，关键点在不同的门，就以每扇门为第二层级，再具体到每扇门那里要的东西；“游戏”，对象是新郎和伴郎团要做的活动，等等。

通过这张思维导图，很清楚地知道结婚当天新娘家上午有几个大的环节，在每个大环节里可以找到重点，这样看到这张图的人对于整体安排心里就会有数，不会只注意到自己参与的那点小事，而会比较有整体感，达到见林又见树的目的。

孙易新老师点评

一般人以思维导图进行活动规划时，特别是像这种任务执行的场合，脑海中首先出现的会是以“人”为中心，去思考任务的分派。也就是在“人、事、时、地、物”中，从什么人该做什么事去考虑。这种方式在实际执行时，每个人或许知道自己负责哪些事，却无法依流程清楚明确地去处理，以至于还是手忙脚乱。

所谓思维导图就是脑海中的一张地图，让我们清楚知道，要抵达目的地该怎么走。以朱俊为朋友整理的这张思维导图来说，目的是要让婚礼流程顺利进行，因此，她后来决定依照婚礼流程的活动事项，以顺时针方向记录下来，让大家都很清楚地知道，现在进行到什么活动，接着有哪些事项要进行、是谁负责执行等，这是一张非常实用的思维导图。

同样是婚礼活动的规划，如果我们希望突破传统，办一场充满创意、令人难忘的婚礼，在按流程制作思维导图之前，得从 5W2H 的角度结合创意思考的扩散—收敛模式，先收集活动的需求与定义活动的范畴，也就是 7R 创新思维导图。接着我们就从“筹办婚礼”这张思维导图，一起来了解“7R 创新模式”。

筹办婚礼 ▶▶▶

图 3-4b 婚礼筹备

王明欢

思维导图法专业讲师

孙易新思维导图法讲师班31期结业（2017年）

参加过多次朋友的婚礼，据我观察，几乎每个人在婚礼前一个月和当天都是忙得焦头烂额，聊起来原因不外乎两个：烦琐冗长的程序，以及计划赶不上变化。

现在事情落到自己头上了，这样的焦虑还是有的，而这也都是非常实在和常见的问题，毕竟婚礼是两家人的事情，如何尽可能让所有人满意？怎么掌握每个细节让筹备做到充分？的确是需要好好思考规划的。

在未了解孙易新老师的Mind Mapping之前，我对做筹划基本是排斥的，一来感觉自己处理事情没那么巨细靡遗，而且从小也不觉得自己有什么创意。没错，是自我感觉！当你有这种感觉，的确需要反思一下：关于细节和创意，究竟是没有天赋，还是没有方法！

不同于思维导图创始人博赞所提出的，思考是从中心不断往外扩散，孙易新老师将7R融入思维导图当中，并通过将主干上的主题依顺序性的、以先扩散再收敛的方式进行创意企划。对我而言，这样的创意变得更合乎逻辑，更重要的是，让我的婚礼筹备变得轻松简单多了。

接下来我要说一下自己绘制思维导图的思路：

1．一个合乎主题的中心图是首先需要考虑的对象。在画这张图之前，我对于婚礼的想法就是尽量简洁，更重视我与另一半的感受，于是中心图的绘制也就尽可能简洁。因为我认为，思维导图是为主题和目标服务的，只有在这样的目标基础上才能展开更合理的计划，所以中心图实在没必要画得太华丽。

2．我首先梳理“Why”，也是整个筹划最重要的部分。在创意部分，我用到了孙易新老师传授的一个技巧：开启思考活口。想到目标时，你的大脑最开始会蹦出一个词，比如我就会想到“简洁”，这是我和另一半共同的目标，但如果仅是这样，或者继续向下延展思路，根本就谈不上创意。所以通过“简洁”，我向上位阶层思考：这个词属于哪个部分？与这部分同位阶层还有哪些词？于是想到“简洁”属于我们的个人目标，其他个人目标还包括要办得有趣、令人印象深刻。

而之于上位阶层的个人，我也找到平行的父母和宾客，因为他们同样重要，然后再继续想可能满足他们的婚礼风格。思考到这里，还没开始做决策，但我的思维导图已指引我找到了之前没有想到的婚礼风格，这就是合乎逻辑的创意。再接下来就是收敛部分了，我只需要在关键词中做选择，将轻重缓急进行排序，作为另外6R的行动准则。你看，创意其实不难吧？

3．再来是“What”，也就是具体事项。根据“Why”最后收敛的几个目标，具体事项变得非常清晰，我按照时间原则分为筹备、当天和答谢三个部分。扩散阶段依然采用“开启活口”这个方法。没错，当你无论自由联想还是逻辑联想都走到尽头时，也正是开启“活口”的时候。

在收敛部分，我将酒店的饮食要好吃、时间表要清晰、司仪的环节设计、有经验的摄影、隔周举办疯狂的答谢宴作为重点，当然也都是以“Why”的目标作为选择标准。其中我将婚庆（婚礼顾问）和司仪连接起来，目的是两者如果相识会更容易沟通，婚礼当天他们是最重要的两个环节。

4. 在最重要部分完成后，“Who、When、Where 和 How Much”就变得超简单，因为目标和事项都清晰了！这里的创意部分依然是采用先扩散再收敛的方式，特别要提到的是“Who”，延展这个部分要顾及决策和执行两方面人员，保证扩散收敛最终结果是 OK 的。

5. 最后来到执行部分“How”，其实就是根据前面内容排序。在创意部分，我还发现了很多环节是可省略的，因为大目标是要做到尽量简洁。比如摄像（拍照），本来就是要朋友来帮忙，不如就请他们帮到底，以朋友的视角来记录比官方记录要真实太多，也能做到印象深刻。同时，婚车部分亦根据一切从简的原则，请朋友帮忙就好，接亲的乐队最终也排除在决策之外。总之，“How”这个部分是执行的重要步骤，也需要进行先扩散再收敛，让整个计划更加完整。

就这样，整个婚礼流程顺下来，思路清晰不必说，重要的是我已尽所能将很多可能发生的情况都联想到了。如此一来，即使筹备过程中突然来个意外，我也不会惊慌，“计划赶不上变化”虽称不上完美，但已经安心太多了！

更重要的是，我发现原先没什么创意的我，竟然能想到这么多，从本质上超出了我绘制这张思维导图的目标，开启“活口”后像是把大脑蓄存创意已久的大闸打开了：你不是没有天赋，你只是没有找到好方法！

孙易新老师点评

“离开教室那扇门，才是学习的开始。”这是我在每一堂课上对学员的期勉，希望他们务必把课堂上所学的，应用到日常生活中，也就是美国著名教育学者杜威（John Dewey）所说的“从实做中学习（Learning by Doing）”。明欢在2017年5月参加我在天津开办的师资培训班之后，回到工作岗位上，不仅立即指导小朋友以思维导图整理读书笔记，更将课堂所学落实到自己7月即将举办的婚礼上。

明欢的“婚礼筹备”思维导图以及他的文字说明，已经把思维导图创新企划思考法的步骤与做法做了详细说明。这是一个非常实用的创意思考法，在创新思考的策略中，称为“7R思考法”，也就是在5W2H每一个项目都先透过思维导图的树状结构去扩散思考，达到创造力中的流畅力、变通力与精进力，并掌握一个关键词与提取出上位阶概念的原则，开启思考的活口，让我们的思维更具有独创力，再针对每一个项目去进行收敛。（*关于“7R思考法”的意涵与步骤，我在本书第四部分“职场工作”领域的应用中将会进一步详细说明）

从明欢分享的案例中，你应该可以发现，我们大脑的潜力是无穷的。没错，不是你没有天赋，只是没有找到好方法！思维导图法就是激发创意的好方法。

延伸应用：亲子旅游、生日餐会、同学会、新春团圆聚会

5
应用

亲子看绘本说故事

人类诞生在这个地球，原始人在洞穴中以壁画描述生活中的点点滴滴，可算是最早期的故事绘本；到了宋朝，有《清明上河图》；现代更有不少儿童绘本和心灵疗愈、生活记录等不同类型的绘本，皆各具特色与功能。

顾名思义，绘本（Picture Book）就是以图画为主要元素连贯成一个故事的书，把书中文字全部拿掉，看图也可以知道整本故事在说些什么。

无论从意义还是实用价值上，绘本都给人感觉像是一种精致细腻的艺术，以它为教学媒介，可以激发孩童五官的敏锐度，借着父母或老师的引导讲述、讨论绘本故事及心得分享的过程，能让孩子学会省思与建构意义的内化，养成阅读习惯与自主学习的能力。

因此，亲子绘本阅读不只是讲故事，也不是让孩子自己阅读，重点在于通过讨论与心得分享的过程，培养孩子的阅读能力。

我综合归纳了多篇有关绘本结合思维导图法的论文研究，发现**阅读绘本时，结合思维导图可以提升学生阅读与写作的兴趣；撷取故事内容关键词的能力有所提高，语文理解与写作能力也会明显提升。**此外，能通过思维导图对故事内容产生更完整的联结，孩子也会较愿意主动发言提问，说出故事的内容重点。

亲子绘本故事《好想吃榴梿》

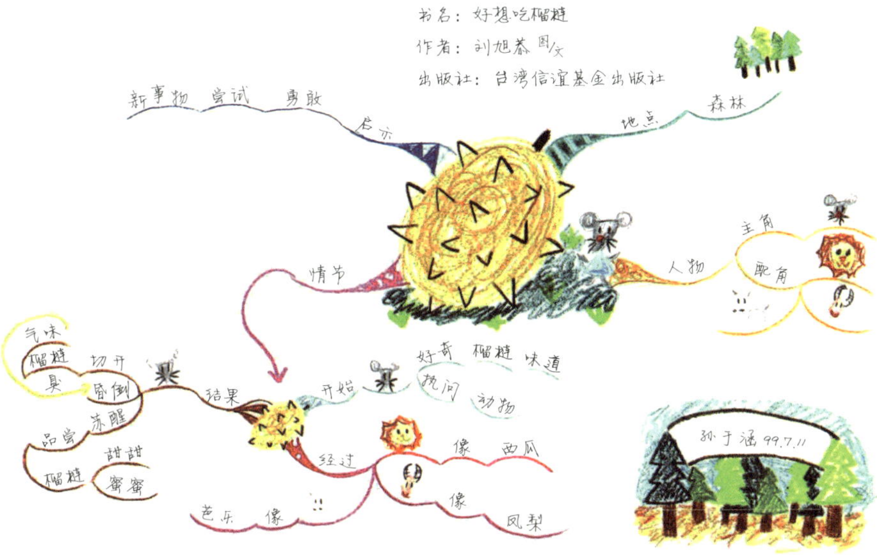

图 3-5a 《好想吃榴梿》讨论与分享

孙于涵

中国文化大学推广教育部项目经理

孙易新思维导图法讲师班 16 期结业（2010 年）

为何需要通过思维导图来带领孩子阅读绘本呢？

每一本绘本都有它想要引导孩子认识的意义与知识，一般绘本阅读方式能通过书中呈现的画面、元素与文字，由讲者（家长或老师）说给孩子听，或由孩子自行阅读，进而学习绘本中想要带给孩子的教育意义。通过思维导图，不仅能达到这个目的，更能借由思维导图法的扩散性思考与垂直性思考，加强孩子对绘本内容的理解，增强逻辑思考的能力。

带孩子运用思维导图阅读绘本的第一步，便是先让孩子读过一次绘本，结束后引导孩子思考这本书最重要的是什么（中心主题）。以《好想吃榴梿》为例，最核心的关键就是榴梿，因此在思维导图上透过视觉，就能得知一本书的核心重点。

抓到核心重点后，从最简单的人、事、时、地、物切入，与孩子进行讨论。以《好想吃榴梿》为例，通过与孩子的讨论，得知发生的地点、人物，甚至能清楚判别主角与配角。

在故事情节部分，可试着请孩子说出事情是如何发生的，接着发生什么事，最后故事如何结束，让孩子清楚了解故事的起承转合。通过思维导图的记录，对绘本的结构一目了然，除了让孩子口述以外，带孩子看着思维导图，从地点、人物、情节再次复习，能加强孩子对绘本内容的理解，并领悟出它所要表达的意义（启示），一一记录在思维导图上。

使用思维导图阅读绘本，不仅能保有亲子绘本阅读原有的好处，更能带领讲者与孩子一同解析与思考内容，增强孩子的分析理解能力，通过共同思考建立更多亲密的联结。

试着运用思维导图带领孩子阅读绘本吧！把绘本内容整理成思维导图，让绘本不只是绘本，而是孩子头脑中的一张地图。

孙易新老师点评

将故事内容以人、事、时、地、物来分析，可以提升对知识的理解；以时间顺序的开始、经过、结果来描述，则可增进情意的感受。

于涵以这张思维导图带领阅读绘本，让小朋友先掌握故事中的关键元素，例如故事在哪里发生、主要人物有谁，然后才讨论故事情节，如此一来，孩子对剧情发展的感受会更加深刻。

说到这里，各位可能会想知道，可不可以先将故事内容依事情发生顺序分为开始、经过与结果，然后说明每一阶段人、事、时、地、物的种种状况。这当然是另一种学习方式，更强化对故事内容的情意感受，再来就让我们从《大象再见》这张绘本思维导图来看看共同点与差异之处在哪里。

亲子绘本故事《大象再见》

图 3-5b　生命教育绘本《大象再见》

洪湘庭

亲子教育工作者

孙易新思维导图法讲师班27期结业（2015年）

第一次阅读这本书，是应5岁儿子要求睡前念故事、共读绘本。有一天，儿子挑中这本《大象再见》，我想这就是一本生命教育的绘本罢了，在孩子心中埋下小小的种子，用白话说就是先打个预防针，将来一旦面临生离死别，比较不会受到过大的负面创伤。但是，没想到读着读着我竟忍不住哽咽流泪，这才发现，原来需要生命教育的并不只是小朋友，就连我这个中年妇女也非常需要。

由于本身对亲子、亲职教育有兴趣，加上对思维导图的肯定与热爱，原本我就计划着手绘制绘本思维导图，所以这并不是我的第一张绘本思维导图，却是让我流泪最多的一张！在绘制过程中，我更深入感受到这个故事所要传达的意义，思绪也跟着融入情绪。

我画这张《大象再见》绘本思维导图的步骤是：

先把整本绘本浏览一遍；在第二次阅读时，脑子里开始思考故事结构，比方说起承转合、人事时地物；然后决定分成开始、经过、结局、心得，作为思维导图的四个主干。我选择了绿、蓝、土黄、红四种不同的颜色区分这四大部分，每一个色彩的选用，自有我个人赋予的意义：

“开始”，我选择用绿色，因为绿色给我的感觉是生命力、生命的初始。

“经过”，我选择用蓝色，因为蓝色使我联想到细水长流与大海，那是一种细水绵延、长流的时间感，并且大海蕴含丰富。毕竟每个故事的经过，往往包含了较多、较长的内容。

“结局”，我选择用土黄色，它代表的是大地，因为我觉得结局是一种尘埃落定的感觉。

“心得”，我选择用红色，因为我觉得那代表重要、注意、提醒的意涵。绘本故事往往带给人们一些启发，传达一些观念及理念，这也是它的意义与价值所在，更是给予我们帮助和益处。

接着，我开始从故事内文中找出各个段落的关键词。当然，要尽可能掌握思维导图的关键词原则。从四支主干去延伸分支，例如：在“开始”的部分，可依人、事、地作为分支线，将关键词一一填上，进而完整描述故事的地点、主角、事件。

以此类推，其他“经过”“结局”“心得”也都是依同样方式延伸发展。

在绘制思维导图过程中，我一遍又一遍地检视，注意尽可能符合思维导图绘制的原则、流畅度、逻辑性，并且加以调整。

然后在自己认为重要的地方加上插图。因为在思维导图当中加插图，会更吸引目光注意，是很好的标示重点方式，可以立即掌握全文的精要，而且往往所加的插图也都有自己的意义联结。

我在“心得”加上礼物的插图，是因为我觉得阅读这本《大象再见》绘本带给我的收获是一份无价的礼物！

此外，我也在左上角“一切都会很好！”这句话上加了一个插图，这个彩虹插图象征雨过天晴，我认为它是《大象再见》这个绘本故事最终要传达给我们的信念，更是我想要加深、提醒自己的重要信念！看着彩虹插图配上文字“一切都会很好！”，让我感到很平静、温暖，不自觉地露出微笑。

这张《大象再见》绘本思维导图带给我的帮助很多，而且非常大，包括：

1. 掌握整本绘本故事的架构。
2. 让绘本故事内容更清晰。
3. 充分了解作者要传达的信念。
4. 重整自己的心绪，从不愿面对到能够平静接纳生命教育课题，走出原本难以承受的悲伤。
5. 能够好好对孩子完整说出这个生命教育故事的意义，并跟他进行讨论。
6. 体悟到“先安顿好自心，才有能力照顾好孩子的心”。
7. 发现思维导图不只是帮助人们活络思维、头脑清楚、理性分析、强化记忆，也可用于疗愈心灵，因此决定研发思维导图与心灵艺术治疗结合的课程，帮助更多人走出阴霾，迈向美好的人生！

谢谢孙易新老师的指导，让我在运用及调整思维导图的过程中，无心插柳柳成荫，得到了许多的启发与领悟，不只是心智的成长，更获得心灵上的成长，未来我会把这份无价之宝发扬光大，持续传递下去！

孙易新老师点评

儿童故事绘本是开启孩子认识世界的一个重要媒介，这本《大象再见》，湘庭之前已经讲给孩子听过很多次，她也认为是一本生命教育的绘本。但这次以思维导图整理成跟孩子互动的工具时，为何会产生如此巨大的心灵震撼？

诚如湘庭所说的，思维导图让她从故事发生的不同时间点，以及各个时间点的人、事、时、地、物，掌握故事的整体架构，并从思维导图联结到自己的真实世界。这就是思维导图法的神奇之处，它就好比一个沟通的媒介，穿起作者与读者的心灵世界，也让一本儿童故事绘本在心灵疗愈的功能上得以彰显。

此外，我们从湘庭这张《大象再见》绘本思维导图中可以看出，她将书本中的文字内容很详细地记录下来，尝试着用绘本思维导图跟孩子进行讨论。

而既然讨论对象是孩子，文字部分其实可以大幅减少，在开始、经过与结局的分支之下，改成几个能触动与关键内容产生联想的插图，然后通过家长的述说与引导，让孩子看着思维导图当中的图像，说出故事的情节或自己的想法。

延伸应用：参观艺术展、欣赏儿童舞台剧

6
应用

亲子学英文

在全球化的浪潮下，学习外语已经不再是被升学考试牵着走，而是融入小朋友的生活学习中。这点从双语幼儿园、双语安亲班满街林立，可见一斑。

然而，把孩子送去补习，英语就会进步吗？会不会造成学习上更大的压力？会不会因而排斥英语？

我的妈妈日语程度很好，原本我应该有机会讲得一口流利的日语，小时候她也很想让我学日语，所以日常生活中常用日语跟我讲话，但都是在命令我做这个、做那个，或是强迫我，她讲一句，就要我跟着复诵一次。她所采用的这种方式让我很排斥讲日语，但当她跟我阿姨用日语聊八卦，我却大致听得懂她们在讲什么。

后来我上大学时，有一门必修课程就是观光日语，老师每周上课都会带一台卡式录音机到教室播放音乐，因为他的主要教学内容之一，就是教我们唱日语歌曲。当大家都能朗朗上口的时候，他才开始解释歌词的意义，以及当中的重要单词。

从以上两个我亲身经历的案例中，我们可以知道，没有用对方法来学习，不仅事倍功半，还可能半途而废。

父母是孩子的第一个老师，也是最重要的老师。身为家长如何陪伴孩子学习呢？我们听听云南昆明的一位妈妈的现身说法吧！

帮助孩子提高英文学习成绩 ▶▶▶

郑苗苗

思维导图法专业讲师

孙易新思维导图法 39 期结业（2018 年）

我是一个活泼可爱的 8 岁女孩的妈妈。自女儿 7 岁半时，我便开始教她学习思维导图法。尤其在她刚刚结束的这一学期（二年级下学期），我刻意使用思维导图法帮助孩子学英语，果然如预期的，有效提高了孩子的英语成绩。

下面我就以孩子英语培训学校一个单元知识的完整学习历程为例，跟大家分享我的亲子思维导图法教育经验，并且解析学习过程。

- 平时我会帮宝贝记录课堂新学到的英文单词，还在笔记上标注音标。但很明显，像这样的线性笔记对于孩子的复习毫无吸引力，她根本没有主动学习的欲望。
- 于是我想试试看，如果把单词换成图片，是否更利于记忆？我和孩子看了图片，仍然感觉很混乱。
- 线性笔记与单纯的图片都无法让孩子有效学习，所以我想到用思维导图来辅助孩子的学习。

以水果单词这个单元为例，按照水果的六大类别，将所有单词进行归类，绘制成一张思维导图笔记（图 3-6a），步骤如下：

1. **确定中心主题图：**因为是以水果名称归类，我在中心图中画了一个橙子的横切面，把主题“There are six kinds of fruits”分写在六个瓣儿上。

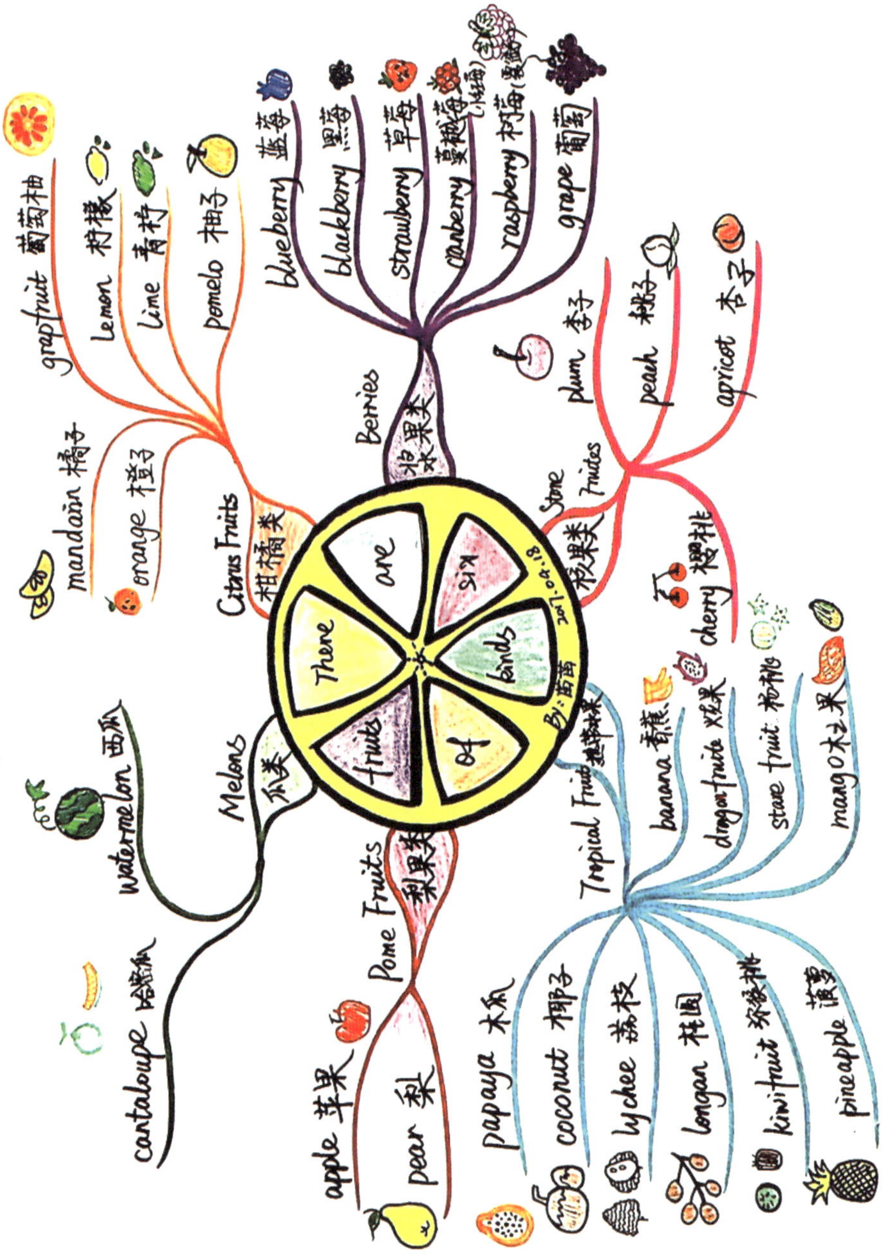

There are six kinds of fruits
By:茜茜
2017.04.18
Citrus Fruits 柑橘类
mandarin 橘子
orange 橙子
grapfruit 葡萄柚
lemon 柠檬
lime 青柠
pomelo 柚子
Berries 浆果类
blueberry 蓝莓
blackberry 黑莓
strawberry 草莓
cranberry 蔓越莓
raspberry 树莓
grape 葡萄
Stone Fruites 核果类
plum 李子
peach 桃子
apricot 杏子
cherry 樱桃
Tropical Fruits 热带水果
banana 香蕉
dragonfruite 火龙果
stare fruit 杨桃
mango 芒果
papaya 木瓜
coconut 椰子
lychee 荔枝
longan 桂圆
kiwifruit 猕猴桃
pineapple 菠萝
Pome Fruits 梨果类
apple 苹果
pear 梨
Melons 瓜类
watermelon 西瓜
cantaloupe 哈密瓜

图 3-6a 水果六大类

2. **绘制方法：**依顺时针方向绘制，利用不同颜色进行分类，并将各种颜色与类别建立关联。比如：第一个主干 Citrus Fruits，表示柑橘类，因大多数柑橘类水果都是橙色、黄色，故选择橙色；第二个主干 Berries，表示浆果类，此类水果的代表是葡萄，故选用紫色；第三个主干 Stone Fruits，表示核果类，此类水果以桃子为代表，因此选用粉红色；第四个主干 Tropical Fruits，表示热带水果，选用蓝色，是因为联想到酷热中应该来一丝清爽，就像夏季里令人神往的蓝色海洋。
3. **配插图：**为了说明并记忆关键词，在关键词全部写上后，我和宝贝一起在每个单词旁边配上小图示。
4. **复习方法：**画完图示，宝贝的复习就变得很轻松愉悦，只要每天花几分钟阅读几遍思维导图。试了几次下来，宝贝对我说："妈妈，我已经记住这些单词了。"而孩子背得出单词，是因为图像在她的脑海里形成了空间记忆。

以上就是应用思维导图法帮助孩子有效学习英语单词的过程。这里给大家一个小提示：家长可以在学习使用思维导图的过程中，和孩子一起完成绘制思维导图的任务。

对于低年级的孩子来说，他们有小学的学科作业需要完成，放学回家后的时间非常有限，家长可给予适当的理解和帮助。绘制的过程，本身就是教导孩子进行逻辑思维训练的过程，而且亲子共学亦是其乐无穷。

之后，我将水果描述的八个问题与模板，再次绘制成思维导图。有了这张"见林又见树"的思维导图，孩子就可以游刃有余地独力完成对每个水果的具体描述。其步骤如下：

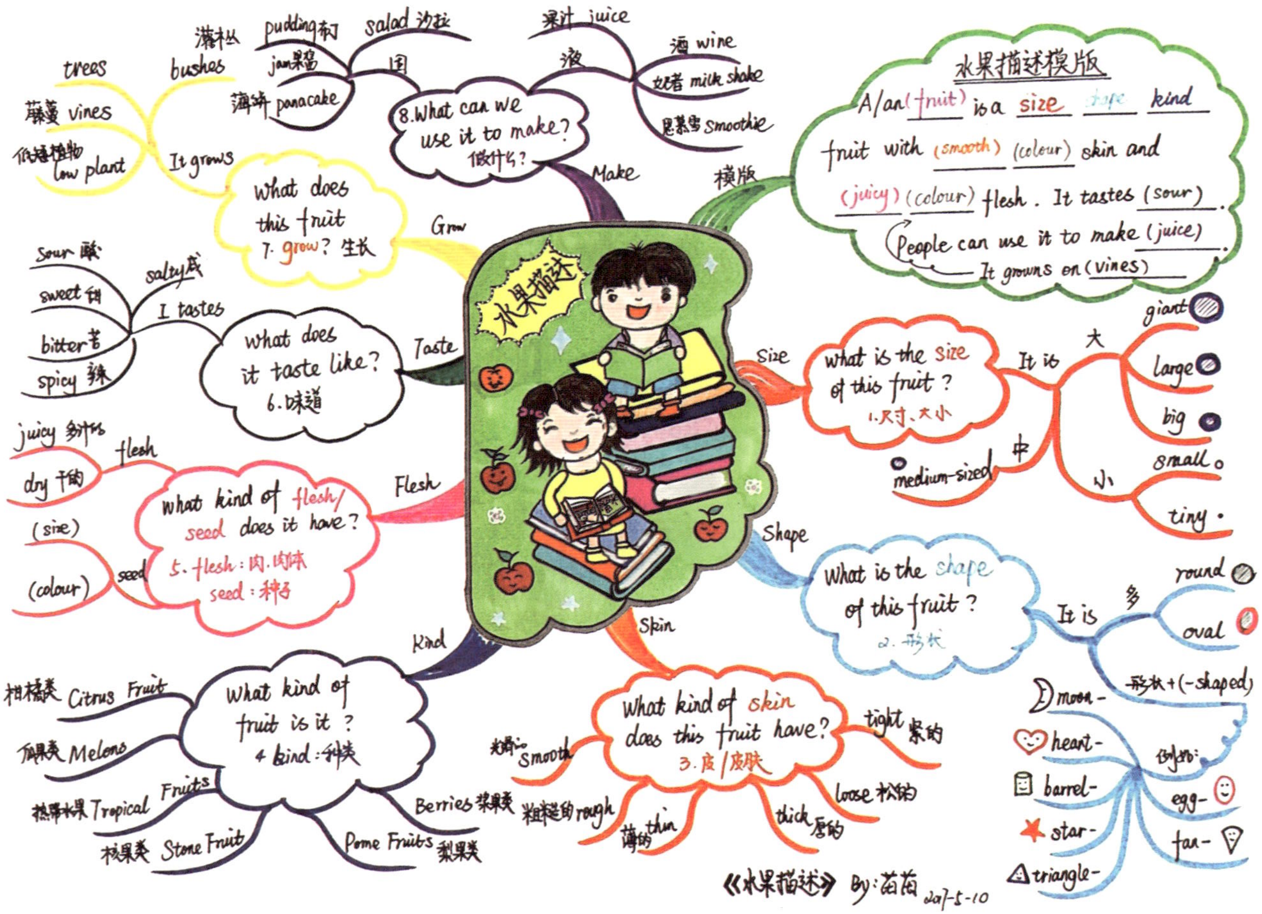

图 3-6b 水果描述的八个问题与模板

1. 描述哪种水果就以哪种水果为中心图，宝贝喜欢充满童趣的卡通水果造型。

2. 八个问题已记在脑中，先直接画出全部主干，再写上关键词。

3. 最后将水果描述的笔记完整写在空白处，以便对照学习。

以上这些就是我的亲子思维导图教育经验分享。思维导图本身所具有的元素，例如颜色、图像、关键词、插图等，能有效激发孩子主动学习的兴趣，帮助孩子提高想象力，有效辅助提升记忆力，建立逻辑思维与独立思考的能力。希望我的分享对您有益。

孙易新老师点评

苗苗真是一位用心良苦的好妈妈，懂得找方法帮助孩子学习成长。我相信通过思维导图亲子学英语，不仅让她的孩子在快乐学习中记住英语单词，苗苗的英语程度应该也同时提升了不少。

由于“水果六大类”这张思维导图是给小学二年级的小朋友阅读，在分类层级上只分成两个层级。如果年纪稍长，可以试着在六大类之下，再依季节或产地等进行分类，然后才是水果名称，这样除了能增加记忆“四季”或“产地”的英语单词，更重要的是通过这张思维导图，可达到知识探索与整理的学习效果。

延伸应用：**外国人学中文、外语学习**

7
应用

品味极致的人生

读博士的时候，与我交情甚笃、亦师亦友的林振春教授经常说："人来到这世界是来玩乐，不是来工作、来上学读书的，但为了让玩乐更有质量，所以要工作、要上学。"

这段话看似有些矛盾，但它真正的意义是，人生的本质是玩乐享受，工作、读书是支持玩乐的基础，但不能因为工作、读书而牺牲玩乐享受。

享受人生的质量程度，每个人的定义都不相同，可以是清心寡欲，也可以是灯红酒绿；可以是率性而为，也可以是精心策划。不论你的选择是什么，避免伤害健康应该是多数人的前提。

我经常在脸书动态消息中看到不少好友分享他们品茗、品酒的消息，其中不乏专家级人物。由于我早年体检时发现心血管有微恙，医生嘱咐我晚上睡前可以喝一小杯红酒，结果我这一喝就是二十几年。虽然我养成了喝红酒的习惯，却总是分不清不同产地的红酒有何差异，一瓶 300 元跟 3000 元的，其实我也分不出来。

现在稍微有点年纪了，觉得喝红酒应该要有点品位才行，那么第一步骤就是请红酒达人教教我了！于是这位达人就给了我本书第 141 页这张"品饮葡萄酒"思维导图（图 3-7），希望对你也会有所帮助。

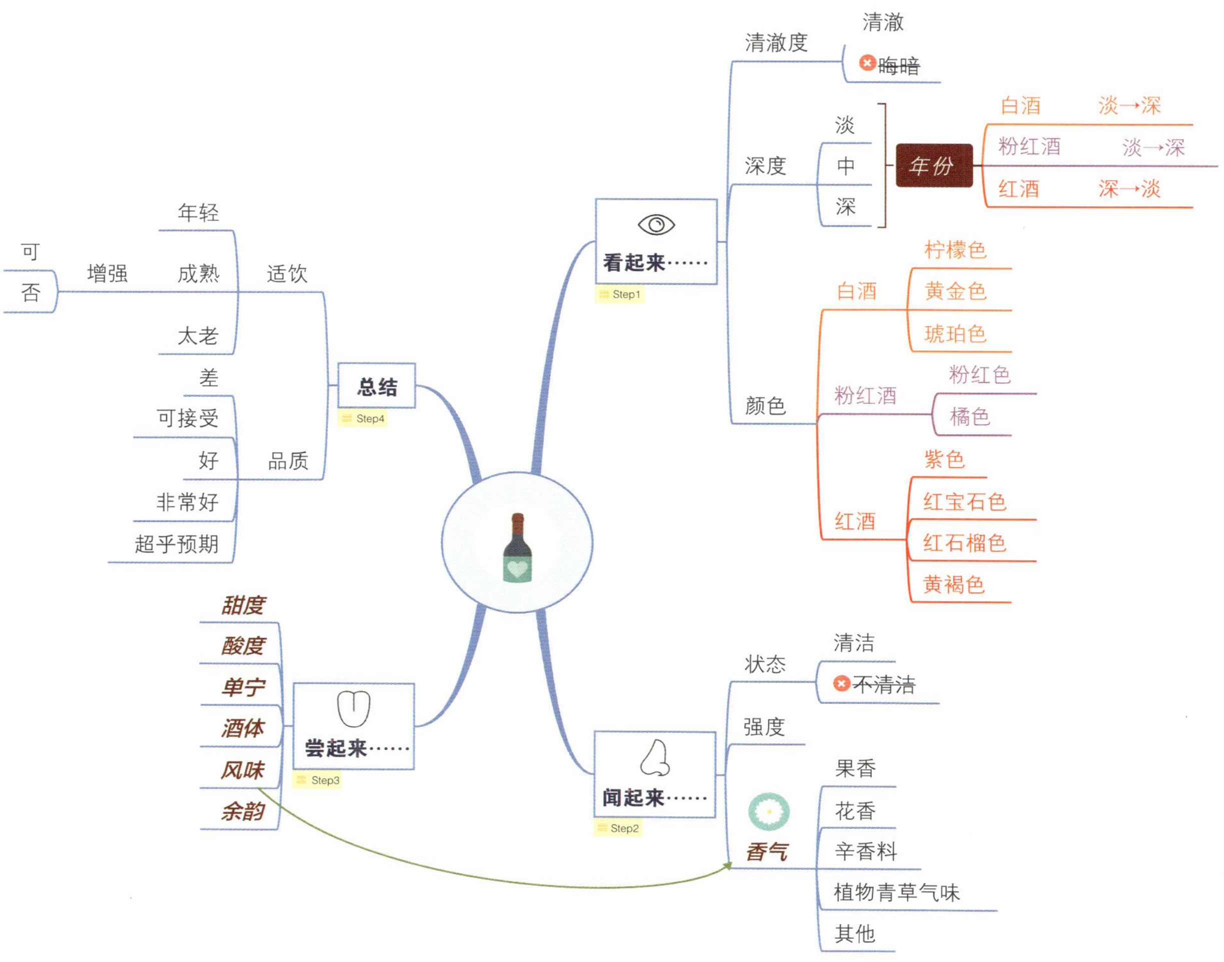
看起来……
Step1
清澈度
清澈
晦暗
深度
淡
中
深
年份
白酒
淡→深
粉红酒
淡→深
红酒
深→淡
颜色
白酒
柠檬色
黄金色
琥珀色
粉红酒
粉红色
橘色
红酒
紫色
红宝石色
红石榴色
黄褐色
闻起来……
Step2
状态
清洁
不清洁
强度
香气
果香
花香
辛香料
植物青草气味
其他
尝起来……
Step3
甜度
酸度
单宁
酒体
风味
余韵
总结
Step4
适饮
年轻
成熟
太老
增强
可
否
品质
差
可接受
好
非常好
超乎预期

图 3-7 品饮葡萄酒

卓克羽

科技公司项目经理

孙易新思维导图法讲师班27期结业（2015年）

葡萄酒在一般人的印象中是属于高端的奢侈嗜好，而且入门的门槛很高，有不同国家的产区、不同的葡萄品种、不同的酒庄，甚至连品饮葡萄酒的杯子都有不同的种类。

其实在我的观念中，酒是拿来喝的，不是拿来放的，与其走火入魔去研究各产区的葡萄品种、追求高价酒存放，我认为细细品尝每瓶葡萄酒的个中滋味，及其多姿多彩的风味，才是葡萄酒迷人的地方。我画这张思维导图，主要是借由系统化的品饮计划，在每次与家人或亲朋好友品饮葡萄酒的时候，能有系统地享受葡萄酒带来的感官震撼！

制作这张思维导图是以感官的脚步出发，一步一步地欣赏品饮，最后做出总结。所以，我会从视觉、嗅觉、味觉到最后的总结，逐步感受，主干上的主要主题使用眼睛、鼻子、舌头的插图，并加上卷标标示顺序，使品饮步骤一目了然。

在“看起来……”主题中，品饮重点在于观察葡萄酒的清澈度、深度及颜色，以橙黄、粉红及红色分别代表白酒、粉红酒和红酒，一眼即可聚焦在对品饮酒的种类与年份的判断辅助上。

在“闻起来……”主题中，重点通过闻看看葡萄酒的状态、强度和香气。

在“尝起来……”主题中，分别对组成葡萄酒复杂口感的要素进行整理，包含甜度、酸度、单宁、酒体、风味及余韵，并加粗字体、使用棕色字凸显重要性。

另外，在清澈度及状态的部分，加上 × 标注与删除线，表示葡萄酒看起来晦暗，或是闻起来有不清洁的味道，代表这瓶酒已经坏了。而葡萄酒最迷人的地方，就是闻起来多种多样的香气，以及尝起来千变万化的风味，所以在此加上插图，并用关联线相互参照，代表这是品饮葡萄酒很重要的部分。

借由这张简单的思维导图，将复杂的酒标、产地等信息排除，完全聚焦于品饮过程需要注意的部分，可帮助在品饮葡萄酒时，系统化一步一步地了解葡萄酒的内涵，让品酒成为人生的一种享受！

孙易新老师点评

克羽这张思维导图的结构与内容，再次印证了思维导图虽然是自己的心智地图，但并非毫无章法，必须依据不同的目的性，展现出不同的结构与内容。

今天如果是酒厂或酒商要介绍自己生产、销售的酒，相信跟克羽这张品酒的思维导图或许会有些共同点，但一定也会有所差异。产地与生产年份对酒厂、酒商可能是重要的，但对某些品酒人士却不是考虑的重点。

因此，在遵循思维导图法的规则之下，很难去评论不同人所绘制的思维导图究竟哪个比较好，只有自己清楚适不适用。

延伸应用：品茗、健康美食飨宴、收藏艺术品（或邮票、钱币）

8
应用

家庭用品库存管理

库存管理，包括仓库管理与库存控制，无论对制造业或是服务业，都是一项重要的控制程序。它不仅要避免超存，也要注意是否缺货，因为这关系着供货的顺畅与资金周转，如果库存管理得当，可以避免许多浪费。

那家中的日用品是不是也应该做好库存管理呢？

当然要啊，否则买多了用不完，或是放到忘记、过期，造成不必要的浪费，岂不心疼？

尤其有些人习惯去量贩店采购日用品，很多食材、卫生和清洁用品都是大包装，没有做好库存管理的话，有的人可能会一买再买，不知不觉形成无谓的囤积。

记得几年前，有一次采买了丰富的食材准备过年，里面当然少不了我们家年夜菜单上一定会有的乌鱼子。但是当我要把刚买回来的真空包乌鱼子放入冰箱冷藏时，竟然发现角落里还有去年剩下的。放了一整年，也不知道是否变质，当下因为怕吃坏肚子，只好忍痛丢弃，想想那乌鱼子好贵啊！实在好心疼。

你是否也有碰过类似的情况？

家庭用药、化妆品是不是也经常放到过期呢？来看看思维导图法怎么帮我们解决这个困扰！

药妆品库存管理

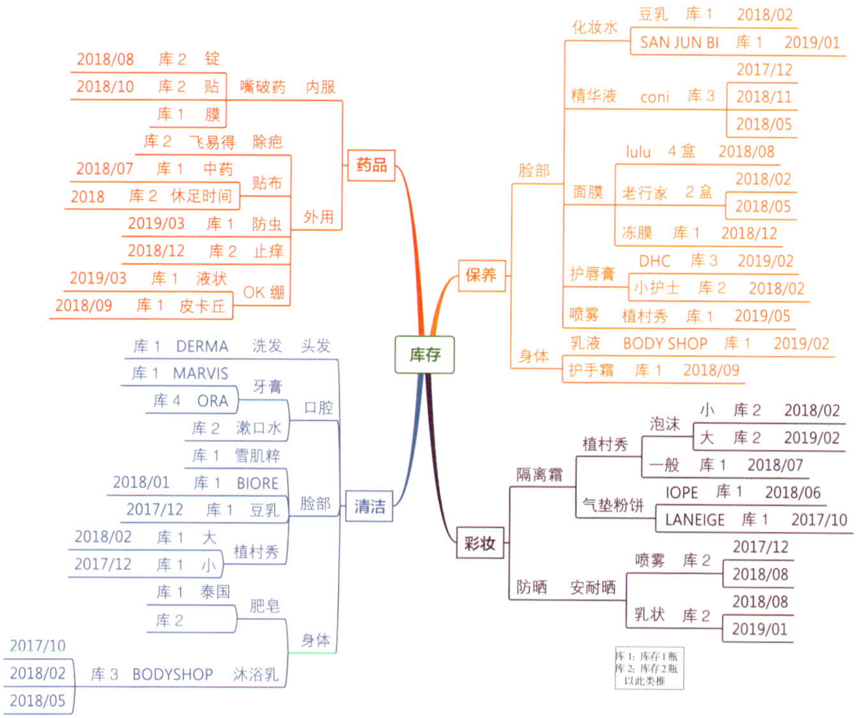

图 3-8a-1　药妆库存清单

蔡舜涵

浩域企业管理顾问股份有限公司课程顾问

孙易新思维导图法讲师班 29 期结业（2016 年）

身为一名女性，保养品、化妆品、各类药妆，绝对是囤货、囤货，再囤货，母亲节档期、周年庆特惠、日本旅游，一买再买，买到库存都能堆座小山了，仍不敌眼前的一罐保养品，冲动后，家里就又多了一罐库存。库存多就算了，还经常放到过期，真的非常苦恼。购物时，以为自己少了化妆水，但其实是少了精华液，就这样又多堆两瓶化妆水，为了减少这样的困扰，我决定运用思维导图来管理我的药妆库存量。

我将药妆品依照功能分为保养、彩妆、清洁、药品四类，并用颜色做区分，“保养”会让人联想到保护皮肤、保养脸蛋等，所以用具有保护、温暖意涵的橘色表示；“彩妆”让人感觉比较华丽、正式，因此用带有神秘华丽的紫色；蓝色总使人联想到清洁、干净等感觉，正好符合“清洁”这个分类；医疗相关如急诊、红十字会都是用红色来提醒，所以“药品”就用红色。颜色的区分，可以加强自身对每个分类的感受，更能帮助记忆。

在四大类的内容分类上，我特地做了日期与库存量的分类，有利于衡量使用顺序，依时间或库存量选用，例如：面膜用完了，要先拿效期最近的老行家 2018/02 这一盒来用；或是牙膏 ORA 库存多，先用这个品牌的。

大部分的人都不可能会花时间去记药妆库存，但你今天要去购物时，只要扫描贴在墙上的库存清单，就可以快速浏览，知道今天需要采购哪一类商品，大大减少购买错误的风险。

孙易新老师点评

舜涵这张思维导图的主要功能是在克制莫名的采购欲望，将这张思维导图档案存放在手机里，逛药妆店时，如果被眼前的瓶瓶罐罐激起购买冲动，就赶紧拿出手机瞧一下。由于舜涵是以功能进行分类，因此很快就能看出眼前这个诱惑是否真的需要，还是家里已经有库存了。

舜涵在思维导图当中为每个品项加上了品牌、数量与保存期限，这也有其价值性。因为女人就是要宠爱自己，对吧？（我如果说错，要纠正一下啊）当眼前出现诱惑商品时，虽然从思维导图看出家中已经有这项产品，但没有这个品牌，或库存量不多了，难得来到法国巴黎旅游，就任性一下呗！

用计算机绘制思维导图管理库存还有一项功能，就是信息的搜寻，这几乎是文字处理软件都有提供的功能。例如，我们想知道库存品有哪些会在今年底以前过期，由于思维导图上有保存期限这个小类，只要搜寻“2017”，就会出现这张图里有描述“2017”的项目。因此，只要在建构库存管理的思维导图时，掌握好分类原则，它就好比是一个小型库存管理系统，你可以根据不同条件去搜寻所需的品项。

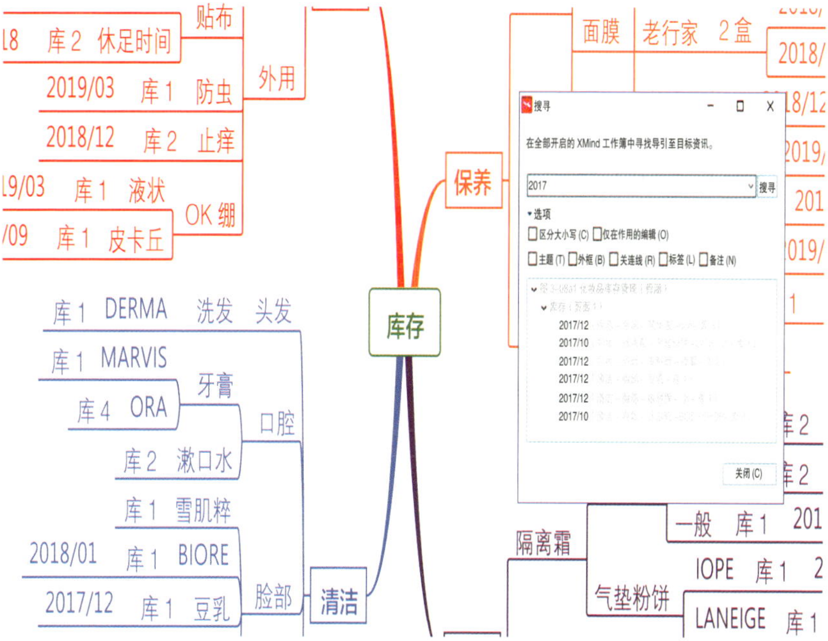

图 3-8a-2 药妆库存管理进阶应用——搜寻数据

看了这么多案例，相信你不仅可以感受到思维导图法的优点，也对思维导图笔记的制作有了初步了解。为了加深大家的印象，在进入下一个应用之前，我们再通过一位讲师班结业学员的案例：冰箱陈列管理，逐步解说绘制思维导图笔记的步骤，给大家做一下复习。

冰箱陈列管理

段卫纲

思维导图法专业讲师

孙易新思维导图法讲师班30期结业（2016年）

朋友送来一只北方山里的风干羊腿，深圳天气炎热，必须马上放入冰箱冷冻保存。偏巧平日主掌家中饮食的父母外出，当我打开已服役十多年的老冰箱，顿时傻眼，各种不知道里面装着什么的袋子堆满了小冷冻室，一点儿空间都没留呀！

于是我大动干戈断电除霜，清理所有冷冻食品。整理时我突然想到，把冷冻室的食品陈列画成一张思维导图，年迈的父母只要看贴在冰箱门上的思维导图，不用弯腰打开翻看，也会减少不记得冰箱里有什么，总是多买的状况发生。

1. 确认中心主题，绘制中心图像

这次我要画下冰箱冷冻室的陈列，所以中心主题就叫作“冷冻陈列”。在A4纸中心5厘米左右范围，先画下我家可爱的黄色西门子小冰箱和冷冻室的三个抽屉，抽屉里加一些形状代表里面的食物，左上角写上中心主题——冷冻陈列，最后加一些灰色的雪花点缀画面，强调“冷冻”的感觉。

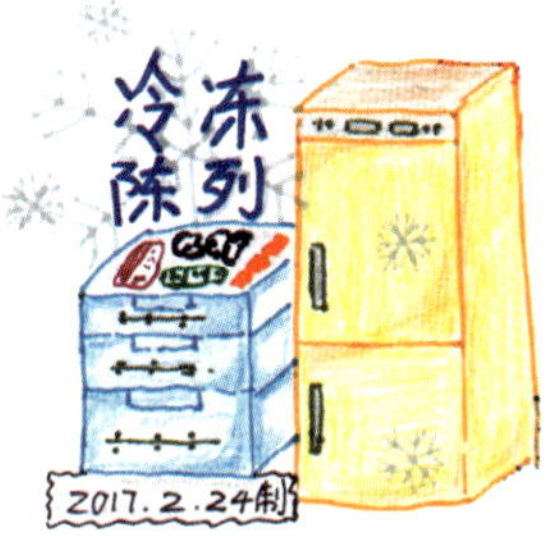

图 3-8b-1　冰箱陈列管理思维导图——确认中心主题图像

2．选择颜色，绘制主干线条

冷冻室抽屉分为上、中、下三层，我的主干也按照这个排列，方便父母依图拿取食物。

图 3-8b-2　冰箱陈列管理思维导图——选择颜色，绘制主干线条

上层通常是可即食的（烟熏三文鱼）、半成品（饺子、肉丸）等食品，保存期限一般都在两周左右，所以我选用红色，提醒这一层的东西要尽快吃掉。中间通常放冷冻肉品，保存期限约三个月，我选择蓝色，表示这个抽屉的东西也要记得吃。

我的老家在湖南，有吃腊制食品的习俗，春节前总会收到亲戚特制的腊制食品。小时候在舅舅家，这些东西都被挂在火塘上，保存时间很长，到了深圳就必须直接冷冻，因此冷冻抽屉的下层很长时间都被这些腊制食品占据。所以我选用看起来比较让人安心的绿色，表示下层的食物保存期限比较久，慢慢吃就好。

我习惯把选好颜色的彩色笔和铅笔单独放一边，这样不用每次都在一大堆笔里面一直找。

3．开始绘制冷冻室上、中、下三层抽屉里具体的陈列食品

先来画上层。首先画出下一级分支：即食和半成品。

图 3-8b-3 冰箱陈列管理思维导图——绘制分支主题

每种食品的后面，都注明分量及赏味期限，方便父母看到后依此评估做饭时取用分量、食用的时间，制订采买补充计划。

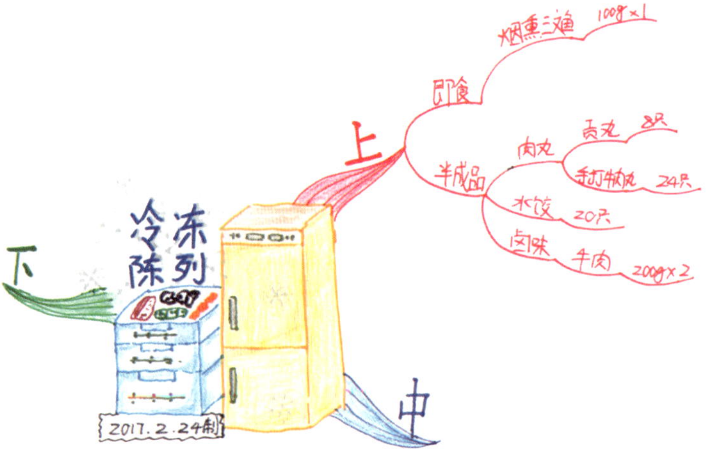

图 3-8b-4 冰箱陈列管理思维导图——绘制分支主题

像这样依次把上、中、下三层抽屉的食品都放到思维导图里面。

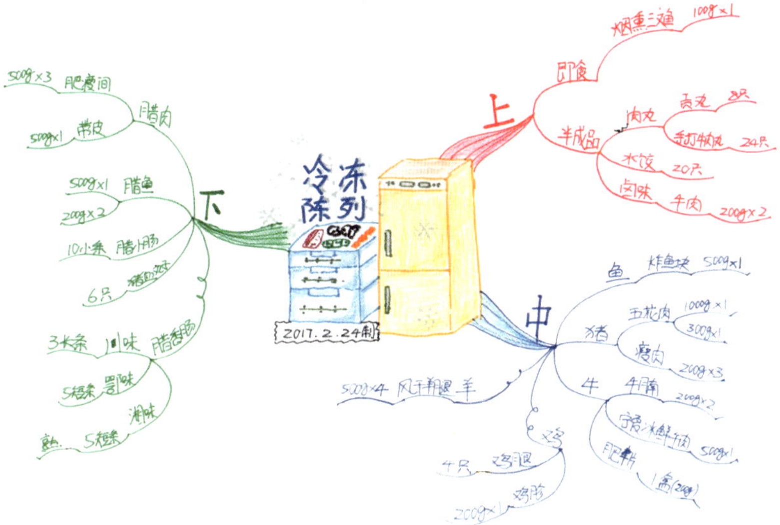

图 3-8b-5 冰箱陈列管理思维导图——完成分支主题

4. 用插画标注重点

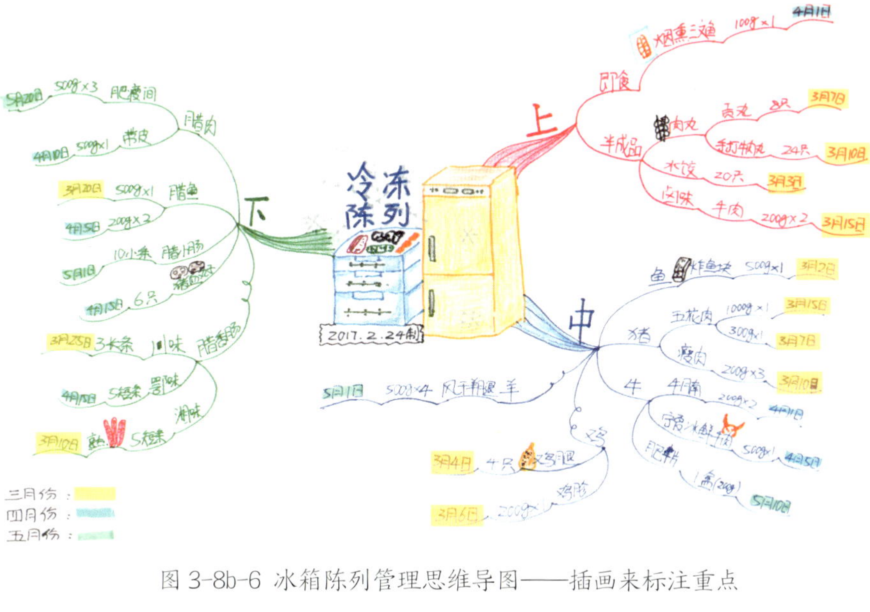

图 3-8b-6 冰箱陈列管理思维导图——插画来标注重点

上层抽屉里的烟熏三文鱼，是父母不爱的食物，常常会被老人家忽略，所以加上插图；肉丸是老爸常用的应急速成汤食材，每每逛超市都会觉得应该再买一些，为防止老人家买太多，特意加上插图提醒他：冰箱里已经有很多存货了。

中层抽屉里有一袋炸鱼块，是老爸做好的半成品，应该尽快食用，赶紧加上插图。还有孩子爱吃的鸡腿，老爸也常会买多，画上一只鸡腿提醒。

下层抽屉的腊制食品，有一份湘味香肠是蒸熟过的，画上图提醒要优先吃。

这张思维导图里比较特别的是，我用了三种颜色的荧光笔，把食物的最佳食用期限（赏味期限）加上了底色，主要是方便父母在每日采购前和做饭的时候核对查看。清理食品时，我还在自己分装的食品包装袋外面都贴上标签贴，方便检视取用。

也给你们家的冰箱冷冻室画一张陈列思维导图吧！不需要开冰箱门就能知晓里面的食品，节能省电又环保；还能帮助制订每日餐食计划和超市采买清单哦！

孙易新老师点评

卫纲通过她的这张冰箱陈列管理思维导图说明绘制思维导图的过程，图中的内容结构清晰、层次分明，给大家做了一个很好的示范。

她这张思维导图当中，冰箱冷冻室不同层的东西彼此刚好没有什么关联性或重复性。如果有的话，就可以使用关联线条来指出不同层的东西是相关的。假设想烹调放在上层即食区的某一食材（例如蔬菜），而如果加一点儿放在下层的腊肉，风味可能会更好，就可以从上层蔬菜的地方拉一条关联线到下层的腊肉处，提醒父母炒青菜的时候不妨加点儿腊肉。

应用思维导图法将家里的东西做比较清晰的分类整理，除了可以好好利用、避免放到过期或重复购买，还有一个好处就是很快能找到所需的物品。相信大家多少都有购书的习惯（不然你怎么会买这本书呢），但是书一多，常常就会找不到想要看的那本书，特别是小朋友的儿童绘本、故事书。

如果我们将思维导图法比喻成大脑的扩充操作系统，那么书柜就是大脑的外接硬盘。计算机硬盘需要格式化，区分出储存不同档案的文件夹。同样的道理，书柜也必须依照阅读的目的，规划不同的区域，让我们可以轻易找到想要的数据，以提升学习效率。

进入学龄期的孩子，书籍是学校教育主要知识来源之一，做好书籍分类，不仅方便快速找到数据，也能培养管理能力。理想的书柜可分成四大区，分别是待阅读区、主要区、工具区与回收区：

“待阅读区”好比图书馆的开架阅览区，摆放着新购买的书籍、每月订阅的期刊等，这个区域不一定是一个实体书架，它可能是书桌的小角落，或是客厅沙发旁的小茶几，只要视线随时能够注意到，方便翻阅，避免放到忘记即可。

“主要区”好比图书馆的藏书区，是知识的宝库。以学龄期的孩子为例，可先分成两大类，分别是学校用书与课外读物。学校用书分成课本与参考书；课外读物则可依兴趣或配合学校课程领域区分成语文、自然科学、数学、历史、地理、传记、小说等，升到高年级或中学，可依需求再增加其他类别，例如运动、科技、政治、经济、文化、教育、管理等。

“工具区”摆放的是帮助学习的工具书，例如字典、地图、成语等，因此理想位置是在书桌上，方便读书的时候随时取用。

“回收区”则是过期的杂志，用过的课本、参考书，以及再次阅读概率很低或保存价值不高的课外读物。这一区的书籍可依利用性分成两大箱，一箱装可供他人阅读的书籍，利用寒暑假陪同孩子一起在二手书店转卖，或赠送给偏乡的学校；另一箱装无阅读价值的，找时间陪孩子再次确认后，送到资源回收站。有了回收区的处置，不但可避免书架过于拥挤，还能让孩子学习如何处理不良资产，自己赚点零用钱，珍惜物资，培养爱心、同理心，真是一举数得。

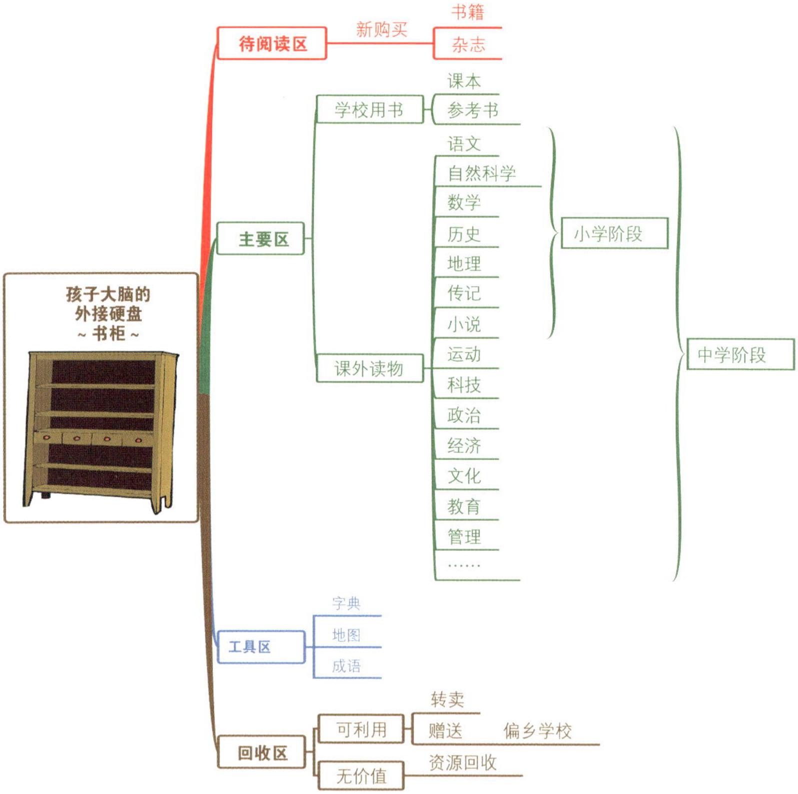

图 3-8c 孩子大脑的外接硬盘——书柜

延伸应用：**玩具分类整理、衣物分类整理、家庭用药管理**

04

职场工作

思维导图法的生活应用之三

思维导图已经被诸多企业应用于创意思考、企划构思、项目管理、问题分析与解决、会议沟通、职涯规划、知识管理、职场学习等。同时，它也是不少知名企业家的共同思维模式之一。

二十余年来，我对思维导图法在职场的应用，一直持续进行深入的分析与研究，除了将英国博赞先生的思维导图法在应用层面的广度与深度更加丰富化之外，也梳理出其理论脉络和依据，融入相关管理策略、方法与工具，让代表华人的思维导图法——“孙易新心智图法®”[①]更先进且富有实用性。

如果你对思维导图法的理论基础感兴趣，请参考《思维导图应用宝典》一书中的说明。

① 此处的心智图法即为思维导图法。

1
应用

创新企划构思

在创新经济当道的今天，不论是新产品的开发、新市场的开拓、新生产要素的发现、新生产方式的引进，还是新企业组织形式的实施，创意企划无非是工作职场上重要的能力之一，可将我们脑中零散的想法整合成具有创新价值的企划案。

因此，其范围包括前瞻思考、创意思考、信息收集与统整、问题分析与解决、决策判断、人际沟通与计划执行等。2007 年，我针对企业人士所进行的一项实证性研究发现，在提升创造力的成效上，比起一般的训练方案，思维导图法效果更为显著。

归纳原因在于，思维导图法通过图像的视觉情境思考模式，让思绪得以源源不绝地产生，有助于提升创造思考的**流畅力**；思维导图的树状结构是记录思考事情时不同类别或主题的信息，当我们的思绪持续游走在不同的主题，可强化**变通力**及**精进力**；掌握思维导图法一个关键词的原则，把整个概念简化到最小单位，让每个词语都成为另一个思考的起点，更是能提升**独创力**；而思维导图法强调同时运用左右脑的心智能力，更清晰洞察事物的本质，则是**敏觉力**的基本条件。

下面我将以几个上班族工作中常会遇到的实际案例，说明思维导图法如何造就高绩效的职场金头脑。

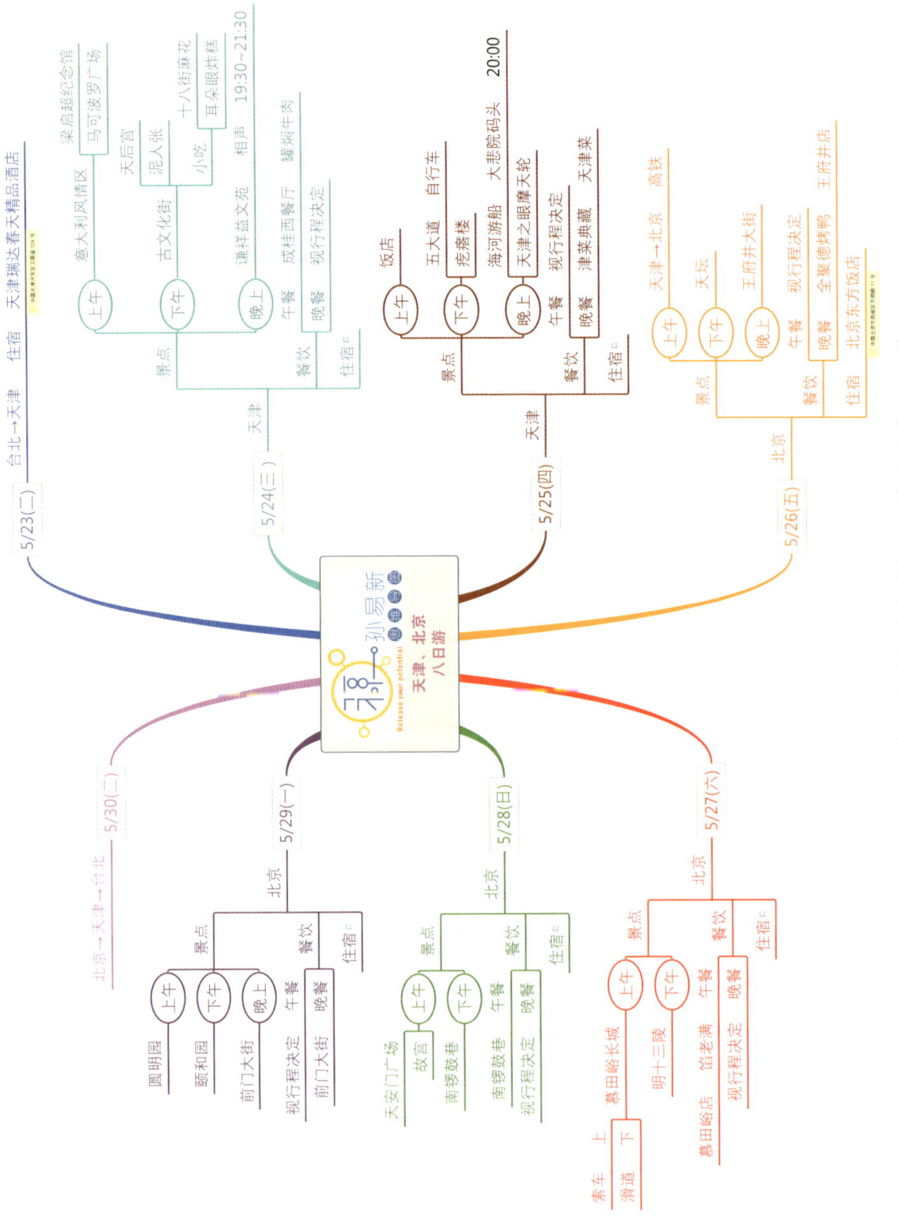

图 4-1a 员工旅游行程规划：天津 / 北京八日游

黄靖芬

思维导图法专业讲师

孙易新思维导图法讲师班 25 期结业（2014 年）

2017 年公司员工旅游，我们决定采取自助旅行的方式，这样可以安排同事们去真正想去的景点，旅途中也多了更多自由，可以弹性调整行程。但所谓自助旅行，可不是漫无目的，要能够顺利到达大家想去的地方，拟定一个属于我们自己的行程规划就至关重要了。

传统行程表多是以条列式文字呈现庞杂的信息，阅读时让人宛如陷入文字海般找不到重点，于是我决定采用思维导图呈现这次的行程，以可视化方式汇整行程中的重点信息，清晰易懂且有助于查阅。再加上思维导图软件在内容修改操作上非常便利，可以让我们更快速弹性地调整内容。

不过，由于我对这次的旅游地点天津和北京并不是很熟悉，所以第一步就是先上网找攻略，整理出两地有哪些热门或私房推荐景点（含餐厅），对天津和北京的旅游景点建立一个轮廓，再调查同事们想去的景点有哪些，筛选出“必去”的景点之后，接下来就可以开始排定每天的行程了。

我们预计在 5 月 23 日至 30 日分别游览天津 3 天和北京 5 天，所以先在思维导图中建立这 8 天的主干。而旅游行程需要规划的重点有景点、餐饮和住宿三个方面，就在每个主干后再建立这三个支干，接着又在“景点”之下划分出上午、下午、晚上三个时段；“餐饮”只规划了午餐和晚餐，早餐都在饭店用餐；至于“住宿”，由于两地各住一间饭店，所以只在入住第一天写出饭店名称，其他天都用超链接的方式标示。

接下来要如何将想去的景点妥善安排在每一天呢?

由于采取自助旅行的方式，每个景点都要仰赖大众运输工具，或者是靠自己的双脚到达，所以在排定一天行程的时候，尽量以邻近或顺路的景点来规划会比较妥当，例如 5 月 24 日的行程，上午先去意大利风情区，下午则安排步行可及的古文化街，而五大道由于车程约四十分钟，就安排在隔天的行程中。

采用思维导图规划旅游行程的优点，就是精简清晰又便于调整。行前可以直接用这张图和大家讨论行程，想要做任何修改，只要用拖拉的方式就能移动。旅行中这张图就成了大家重要的指引，只要事先将思维导图汇成图档，存入手机中，随时都能快速查阅，让我们顺利地朝下一个行程前进!

孙易新老师点评

靖芬这张以日期为主要主题（主干）的员工旅游行程规划思维导图，方便于在旅游过程中依照时间顺序查核接下来的景点。

如果一开始构思规划旅游行程时，可以先按照城市、区域来分大类、中类，再把相邻的景点放在小类之下，还可以帮助我们进行时间的安排，减少不必要的交通时间。

此外，计划总是赶不上变化，在旅游行程中，往往无法精确地掌握时间。因此，这张思维导图还可以在必去的景点上加个小插图，便于在时间不够的情况下快速做出取舍；或是在“景点”这个主题以备注方式补充相关信息，超链接到景点的官方网站，以便随时查询开放时间、交通方式等。

写书计划

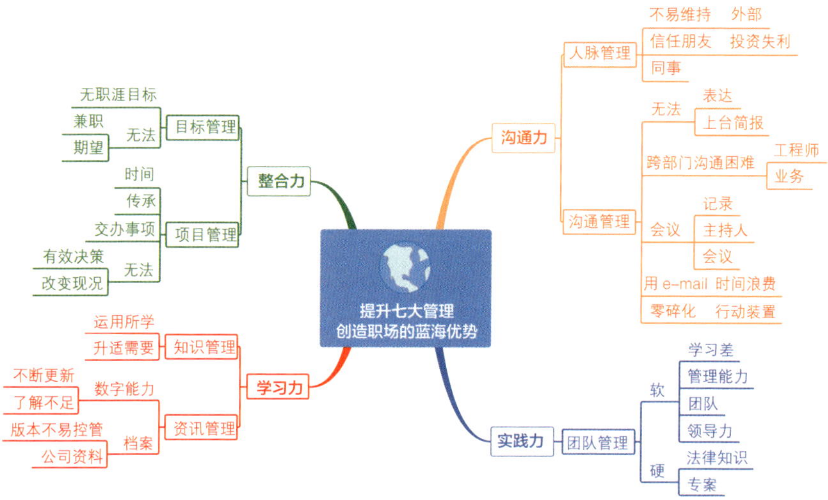

图 4-1b　企划构思：写书计划

蔡兴正

思维导图法专业讲师

孙易新思维导图法讲师班 23 期结业（2013 年）

身处于知识爆炸的时代，书是最佳的传播方式，若能将自己的经验、知识、想法等有系统地整合，不但能用普泛化的方式通过书籍做个人品牌介绍，也可以经由写书的过程，让自己的知识更趋系统化。

那么，要如何开启写书的计划与内容呢？写一本书，可以将它视为一个项目计划来执行，项目一开始必须对这一计划进行范畴的勾勒，让自己的思绪更为清晰。该如何展开？善用思维导图法就是一个很好的方式。

一本书的内容，可以从许多面切入，但几位作者要如何快速达成共识，整合彼此的想法，以利下一阶段开展结构化的思维？思维导图法就是最佳的沟通方式。利用一张思维导图，整合几位作者的想法，达到聚焦的效果，再根据聚焦方向，持续进行思维的开展，之后无论内容要修正或新增，都有共同的基础可以沟通与讨论，达到“一纸思考沟通”的最佳效益。

完成这一张具有共识的思维导图，在过程中交错了扩散性思考与收敛性思考，详细操作步骤如下：

1. 聚焦中心主题《思维导图法之职场必胜秘籍》，以小卡片写下关于职场的各种问题。例如，会议无效率、学非所用等，没有任何限制，点子越多越好，可以帮助厘清思绪及问题点。
2. 完成脑力激荡后，将所有写在小卡片的点子进行归纳，形成小类、中类与大类。归纳的过程，脑中若产生其他的点子，可以再写下来加入类别中。
3. 初步归纳好之后，利用方便操作的思维导图软件，进行可视化的整理，将所有点子键入，调整版面或修正都很容易。
4. 在整理的过程中，同时构思主题，分别为人脉管理、沟通管理、团队管理、知识管理、信息管理、目标管理、项目管理等七个主题。这样对整本书的章节就会比较有概念。最后再想象一个画面，若能精进这些能力，将会在职场中找到一片“蓝海”，书名可以从“提升七大管理，创造职场的蓝海优势”这个方向去想，再加入一张更具意象的图片作为中心主题。
5. 团队的脑力激荡也可以融入个人脑内知识。过程中，回想曾经读过一篇文章，提及未来职场要强化的是软实力，主要有四个方面，分别为沟通力、实践力、学习力、整合力，所以就用这四个方面作为七个主题项目的分类，完成 161 页这张思维导图（图 4-1b）。

从一个念头发想，到一群人的想法产出整合；从不知如何开始，到有了一个聚焦方向，是一张思维导图具体呈现的结果。但其过程更为重要，除了运用思维导图法的操作步骤，亦结合管理学上的知识，将所有方法与知识进行融合，目标的实现才有可行性。

孙易新老师点评

英国的博赞先生指出，思维导图法是一种放射性思考模式（Radiant Thinking），思维是从一个中心主题向四周展开。但职场的实际情况是，还会有另一种由四周凝聚到核心的归纳模式。

一般来说，西方世界重视理性，思维较偏向分析式的由上到下（top down）、从抽象到具体，在思维导图当中就是从中心向四周发散展开的结构；而东方世界较讲究经验主义，着重对事物或概念构想的归纳，这是一种由下往上（bottom up）的结构，也就是从具体到抽象。

今天在职场中所召开的每一场会议，参与讨论的成员发言内容有可能是抽象概念，也有可能是具体事项，这时候从中心向四周展开的放射性思考模式就出现了局限性。因此，结合由上到下与由下往上的双模式，就有其必要性与重要性了。

早年尚未有绘制思维导图的软件问世之前，要做到这点确实有困难，但现在已经有多款好用且免费的软件可以选择，实在是思维导图法爱好者的福气啊！

策划研讨会

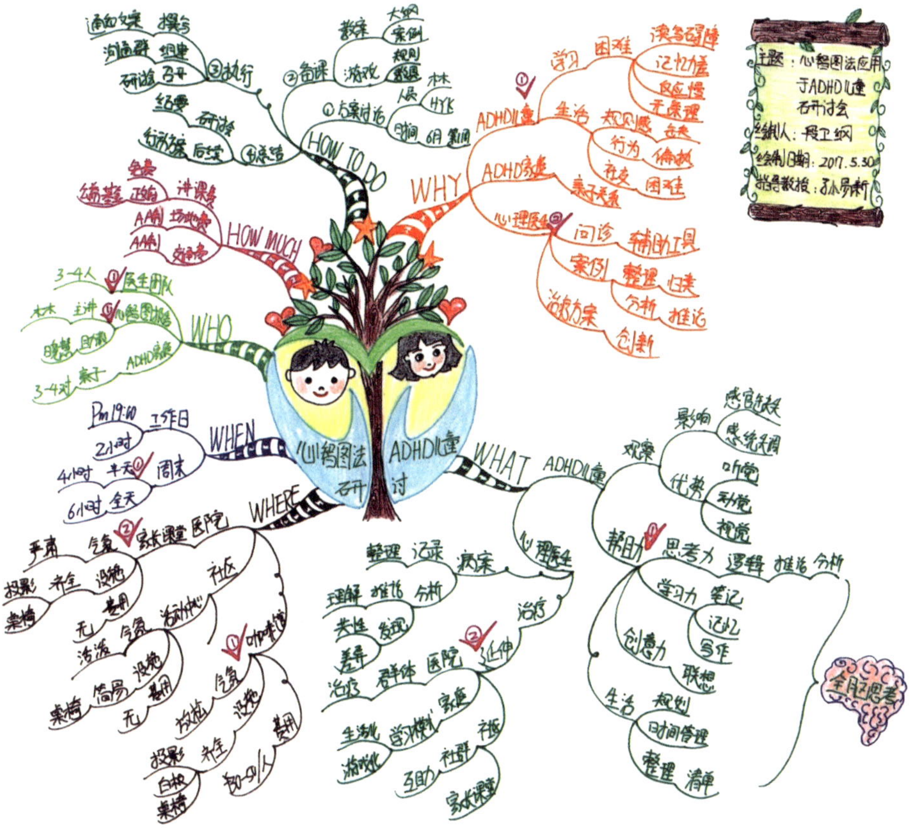

图 4-1c　创新企划：策划 ADHD 儿童研讨会

段卫纲

思维导图法专业讲师

孙易新思维导图法讲师班 30 期结业（2016 年）

我的朋友黄医生，是一家医院 ADHD（多动症）儿童心理科的负责人，也是思维导图法的使用者。黄医生看到我带孩子绘制思维导图，觉得思维导图法应该对 ADHD 儿童也有帮助，约我和她的同事们召开一次研讨会，共同探讨如何使用思维导图法帮助 ADHD 儿童学习和生活。

这是我第一次承接这个主题的研讨，我立刻想到了用创新企划构思的 7R 思考法帮助我策划这场研讨会。

首先准备一张横放的 A4 纸，在正中央绘制中心主题。我选择了双手托举构成的心形作为主要形状，并在心里画上了两张儿童的笑脸，代表心理咨询与 ADHD 儿童。然后在中间画一棵树，象征思维导图法，树上还加了橙色的星星和红色爱心，因为人们常形容 ADHD 儿童像是遗落在尘世的星星，他们需要更多的关爱。

接下来开始绘制主干。7R 思考法是一种动态的创新企划方式，在思维导图绘制中有两点很特别：一、主干的绘制有固定顺序，必须先完成 WHY（Rethink）和 WHAT（Reconfigure）；二、每个主题都要充分发散，在做出收敛之后，才进入下一个主题。因此，应用 7R 思考法绘制思维导图时，和平常文章笔记的顺序不同，通常会完成一个主题所有内容后，才继续下一个主题。

按顺序进行扩散和收敛。根据这次要分享及研讨的主题，我选用橙色画出第一个主题“WHY”，象征大家共同为 ADHD 儿童努力的积极心态，然后从应用思维导图法可能的受益对象：ADHD 儿童、ADHD 家庭、心理医生三个角度来思考，在他们的学习、生活和工作中有哪些需求？思维导图法与这些需求会有什么联系？

一直以来，思维导图法这种调动全脑思考的可视化思考工具，被认为是学习困难者的福音，也是提高工作效率和创意思考的最佳工具。我先列出“ADHD 儿童”在学习和生活上的一些困难，以利于后续问题的解决；另外“ADHD 家庭”常因孩子在学习和生活方面达不到同龄孩子的水平，导致亲子关系恶化；心理医生在问诊和案例分析、制订治疗方案时，也希望使用更有效的思考方法和辅助工具。

大多数的 ADHD 儿童，往往因学业上困难重重，日常生活也非常糟糕，家长对孩子的状况束手无措，才想到求助专业的心理医生。所以，我认为用思维导图法帮助这些儿童解决学习困难和生活难题是首要的研讨内容，于是在“ADHD 儿童”这个分支上打了一个钩，并做了重点标记；而心理医生若能准确分析影响孩子发展的综合性因素，就能更有效地开展诊断和治疗，这一点对就医的 ADHD 儿童非常重要，所以我在分支“心理医生”上也做了重点标记。

根据以上确定的目标，此次研讨会将重点探讨如何帮助 ADHD 儿童克服学习困难、解决生活难题，并且还要帮助心理医生提高诊断效率、创新治疗方案。

第二个主题“WHAT”，围绕 ADHD 儿童和心理医生进行发散。这项工作需要极大的耐心，所以我选择了绿色。

我从观察和帮助两个角度来开展针对“ADHD 儿童”的研讨内容，“心理医生”则从病案（病历档案）和治疗两个方面考虑。通过思维导图这种让思维显性化的工具，更容易观察到 ADHD 儿童的身体缺陷，对他们在学习方面的影响（干扰），更重要的是找到他们的优势模式并强化运用，进而帮助他们提高思考、学习、创意和生活能力，所以同样在帮助这个关键词加上重点标记；心理医生如果能把专业治疗从医院延伸到家庭和小区，对 ADHD 儿童来说将是一大福音，因此我也在治疗以下的延伸这个关键词加上重点标记。

确认完研讨会的目的和研讨内容后，就可以开始考虑在哪里（WHERE）召开研讨会、哪些人（WHO）参与会让研讨效果更好、什么时间（WHEN）召开和需要多少费用（HOW MUCH）。这四个要素在发散思考的同时，始终围绕着研讨会的目标（WHY）和研讨的具体内容（WHAT）展开，而这两个主干确定的重要内容，也可能会因为这四个要素的变化，需要修正部分目标和内容。

综合考虑以上六项内容，我认为要达到前面的研讨目标，应该让医生们从紧张的工作氛围中暂时脱离，边体验边与我进行思维碰撞。于是决定挑一个周末时段，大家共同分摊少量费用，在一家环境优美的咖啡馆里，和黄医生的同事们进行一场有趣的研讨。

再来就得考虑逐步落实这次研讨会策划案了。因为事情比较简单，直接在“HOW TO DO”这个主题下，列出后续具体工作，并依工作顺序分为：方案讨论、备课、执行、总结四个阶段。

做完研讨会的策划案后，我先发送这张思维导图的电子档文件，请黄医生先看过，再跟她约见面的时间，当面讨论是否有哪些内容需要修改或增补，随后就可以按照策划案开展准备工作了。

我期待着这次研讨会能早日顺利进行，能够帮助到更多 ADHD 儿童和家庭。应用思维导图法进行 7R 创新企划时，不仅要根据自己的经验加上可能项，也要把认为不可能的事项加上去，这样才会有更多的新点子出现。

孙易新老师点评

企划一个活动时，传统思维步骤总是想“什么时候”“什么地点”“活动内容有哪些”，而忘了根本的目的性。7R 的创新企划步骤让我们回归到问题本质，“7”指的是逻辑思考首部曲的

5W2H，“R”是针对每一个项目都要经历扩散与收敛的过程。换句话说，所谓 7R，就是先思考目的何在（WHY），再想为达目的要布置哪些内容（WHAT），然后斟酌活动的内容在什么时候（WHEN）、什么地点（WHERE）比较合适，有哪些利害关系人（WHO）、相关预算费用（HOW MUCH）等，最后才构思如何执行（HOW），并在考虑上述主题项目时，落实创意思考所强调的，先扩散产生许多构想，再收敛较具有可行性或实用性的内容。

5W2H 几乎是每一场思维导图法研习课程的标准演练题目，尽管在现场大家都画得很开心，却鲜少能对职场工作绩效产生真正的帮助，原因出在大家多半只是把脑海中既有的想法，以思维导图的形式画出来，缺少了创新性，而“创新”正是快速变迁社会中的制胜关键要素啊！

会议沟通

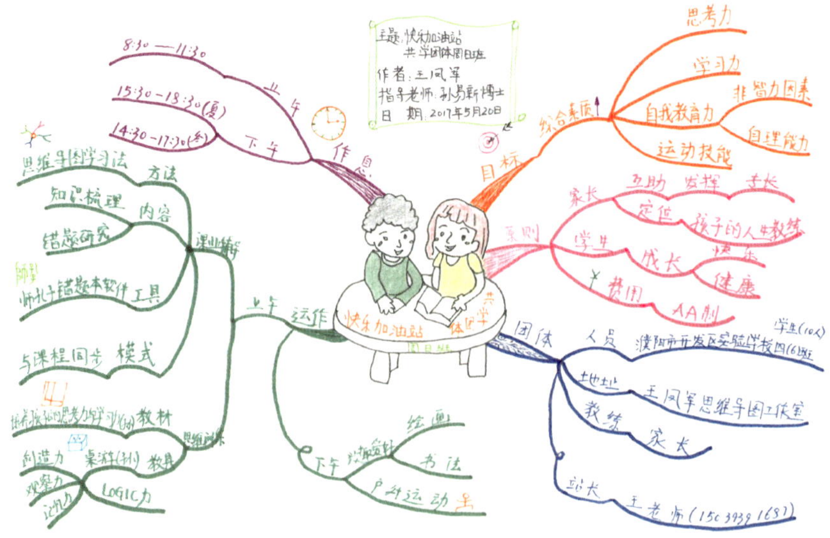

图 4-1d　会议沟通：快乐加油站活动计划

王凤军

河南濮阳司法局公职律师、思维导图法专业讲师

孙易新思维导图法讲师班 31 期结业（2017 年）

每到周末，除了家庭作业之外，多数孩子还要上各种兴趣班、学科辅导班。对此，家长很无奈，学生很辛苦。于是几位从事教育工作的家长提议，发挥家长自身优势，成立共学团体，为孩子们创造一个优良的成长环境和氛围。

成立伊始，共学团体在小区家属院的一间地下室（找了一块黑板、凑了几套桌椅），每周日安排活动。活动中陆续出现不同意见，有的家长要给孩子复习语文、数学，有的说阅读、作文更重要，有的愿意让孩子学音乐、美术，还有的想让孩子学习运动技能……针对运作中所出现的问题，家长一致认为有必要召开专门会议，商议共学团体的相关事宜，以达到统一思想、规范运作的目的。

在会议中，我以思维导图法结构化逻辑思考的方式，引导大家针对相关主题开展讨论，并通过用思维导图做会议记录，统一了大家的思想，提高了彼此的认识，明确了共学团体的相关问题。

首先，我使用 XMind 思维导图软件构思与讨论主题相关事项的布局，然后以手绘思维导图的方式引导讨论的进行：

1. 画出中心主题图像：在 A4 纸正中间，画两个正在学习的小孩，作为中心主题（快乐加油站共学团体周日班）的插图，凸显主题的内容意涵。

2. 主题结构：参考计算机所绘出思维导图的布局，选用代表主题意义的颜色，依次画出目标、原则、团体、运作和作息五个主题。

3. 选择颜色：根据颜色感受性，不同主题选用不同颜色，例

如“目标”：选用橙色，表示健康、积极，是整个活动的宗旨。

“原则”：选用红色，表示权威性，是应遵循的大方向。

“团体”：选用蓝色，表示理性、智慧和爱，共学团体是一个理性、非功利性、集合众人智能与爱的团体。

“运作”：选用绿色，表示团体的运作（包括课程安排、教材、教具的选用都独具特色）也是具有生命力的，共学团体是一个年轻、有生命力、和谐的团体。

“作息”：选用紫色，表示权威、警戒意义，是共学团体正常运作的基本保障，也是应当遵守的重要规则，如果不能好好遵守，将会发生混乱。

4.添加分支内容：按照主题一颜色、相邻主题不同色、字在线上、字线同色的规则，依次添加各主题的具体内容。

5.加插重点图案（符号）：在重点内容的地方加画插图，凸显其重要性，吸引注意力，同时有利于记忆相关内容。例如：中心主题图像用三色以上画了两个共学小孩，凸显共学团体主旨；目标上方画箭及靶心，形象逼真；综合素质右边的↑表示提高；费用前面的￥是通用符号，凸显明确费用的重要性；左侧的思维导图学习法（思维导图法）是共学团体活动的主要方法，加上插图以示强调；师孔子错题本软件是一个重要工具，画上商标，吸引注意力；《培养孩子的思考力与学习力》这本教材对共学团体太重要了，加插书本图案点出重要性；桌游是共学团体的重要教具，以一个长方体盒子表示；户外运动也是共学团体的重要特点，有别于其他课辅班、兴趣班，所以加个运动小人的图案强调。

在扩散思考（充分讨论）的基础上，又经收敛思考所形成的这张思维导图（图 4-1d）成为规范共学团体思想、行为的大纲。在这张思维导图当中，目标、原则、团体、运作及作息五大主题，简洁醒目，一目了然，团体成员只需按照拟定的课程表参加活动，再也不用一事一议、频繁沟通，很是省心。

更重要的是，克服了原来认识不统一、目的不明确、思路不清晰、措施临时凑、效率不高、效果不佳的弊端，用这张思维导图指导共学团体，整个活动规划井然有序，高质高效，效果非常明显。由此，思维导图法的魅力和威力可见一斑。

孙易新老师点评

第一眼看到这张思维导图，一定会被中心主题的图像所吸引。风军以图文并茂的方式，画了充满创意且与主题相关的两位小朋友的图像，并且在图中的桌面上，以文字写出会议讨论的主题，这种图文框形式常出现在写一串字的时候，特别适合用在需要书写专有名词与不可分割的概念。

在风军的这张思维导图当中，我们可以发现，不少分支在线写了一串字。其实遇到这种状况，用图文框呈现，效果会更好。例如，左下方“教材”的《培养孩子的思考力与学习力》，这是一本书的名称，所以可以画一本书，然后把书名写在图像上。这种以图文框呈现信息的形式，是手绘思维导图的优势所在，不仅可以明确传达信息，又有合适的图像帮助激发创意联想，以及对主题内容的记忆。

延伸应用：年终餐会、迎新活动、新产品发布会

2
应用

信息公告备忘录

现代人的生活大概都离不开手机，信息传递也都通过各种通信软件，不仅费用大幅降低，更可同时将信息传送给群组的所有人。美国总统特朗普习惯在推特（Twitter）上发布信息；中国台湾台北市长柯文哲也与市府各级首长建立了一个 LINE 群组，随时在群组中下达指令和信息沟通；我自己同样有一大堆 LINE 或微信群组，成员也都习惯在群组发布资料。

但是，大部分人应该都跟我有同样的困扰，看到密密麻麻的一长串信息，基本上就没耐心读，更别说对内容做处理或响应了。如果是网络转载分享的一些生活信息，不看也罢，但如果是重要的信息呢？以思维导图呈现信息的方式来与群组成员进行沟通，将会是一种不错的选择哦！

思维导图法的逻辑分类是将抽象一般化，但也代表重要的概念放在上位阶，具体的事项放在下位阶。我们阅读思维导图中的信息时，从中心向外展开，马上可以掌握重点方向，并从自己关心的主题先阅读，又不至于忽略其他事项。在诸多细项内容中，思维导图法强调在重要信息上，用和内容相关联的插图来凸显重点，让我们可以快速聚焦在关键要素上。

接着，我以自己实际碰到的一个案例与大家分享！

行前注意事项

彩虹人生合唱团家族沟通……

记事本　　相簿　　群组成员

1051211 彰化比赛注意事项备忘录：

一、集合时间

12/10 中午 12:30 地铁中正纪念堂站 5 号出口，集合后准时出发。

二、比赛服装

1、男：粉红衬衫、黑西裤、黑领结、黑皮带、黑袜、黑皮鞋。

2、女：黑洋装，配饰蓝胸花、黑包鞋、不穿丝袜。不戴项链，请戴漂亮明显的耳环。

三、其他提醒

1、请携带证件（身份证或驾照），自备个人盥洗用品、换洗衣物、化妆品，以及日常所需药品、护喉保嗓食品、歌谱、水壶、保温杯……

2、行囊以简单、方便为宜，需注意保暖，围巾、口罩不可少。避免带太多现金！

3、若有认床的问题，请想办法克服，戴眼罩、耳塞、耳机、薰衣草精油……任何有效方式或可一试。

4、跟你的室友好好相处，协调一下使用浴厕的时间。不要太亢奋聊天，保护好你的喉咙，最好有八小时睡眠时间。

5、保持轻松愉快的心情，和个人最佳状态参与比赛。只求尽自己最大努力；其他的事交给老天爷吧！

6、其他未尽事宜请参阅主办单位的“社会组合唱比赛参赛团队注意事项”。

赞 · **留言**

图 4-2a　备忘录：行前注意事项（条列式）

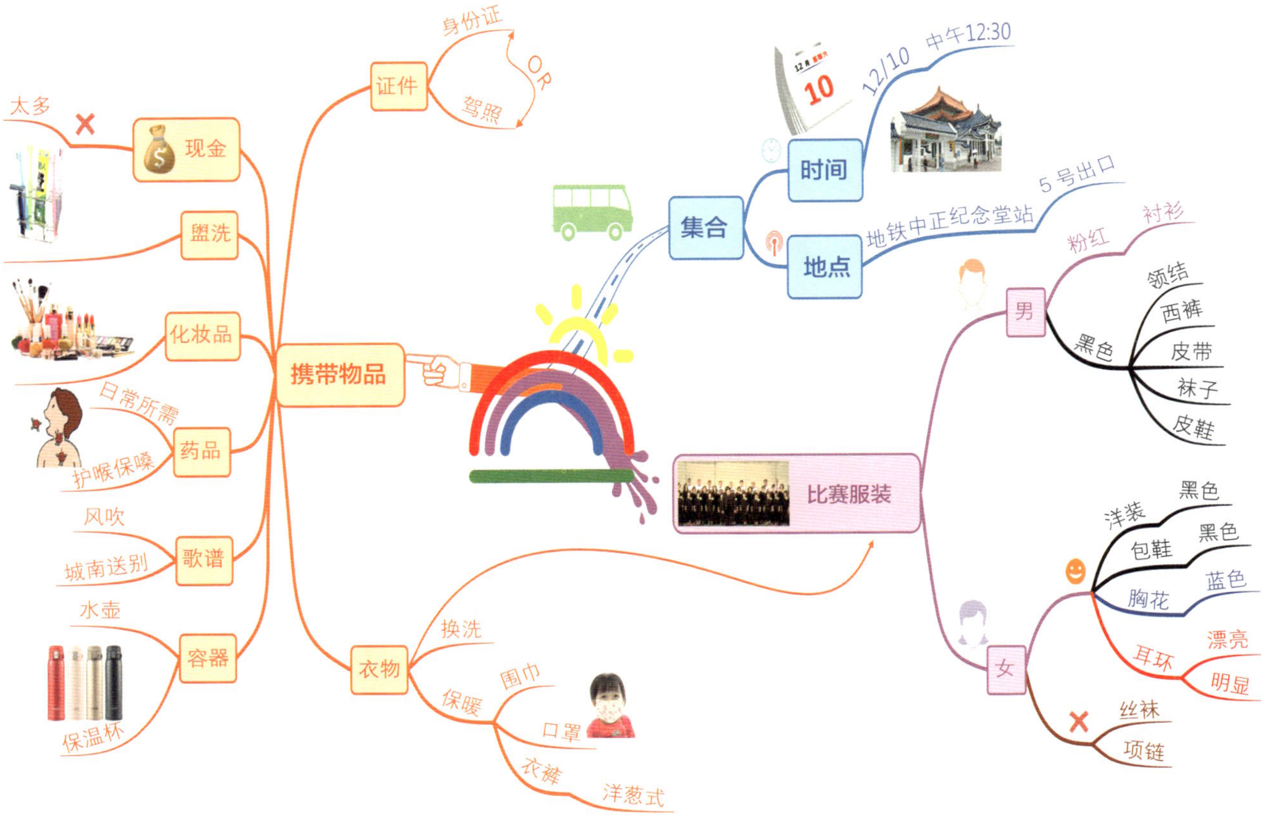

图 4-2b 备忘录：行前注意事项思维导图

孙易新

全球第一位思维导图法专业华人讲师

英国博赞思维导图法进阶讲师班结业（1997年）

2016年12月，我们合唱团要到彰化参加年度比赛，出发前几天在LINE群组里公告了行前注意事项，看到这种传统条列式的公告（图4-2a）让我眼花缭乱，但这是一个重要的通知，不能掉以轻心。因此，为了帮助自己和其他团员能更清楚地掌握这则信息传达的重点，于是我把内容整理成思维导图。

首先我根据我们合唱团的名称“彩虹人生合唱团”，以彩虹作为中心主题图像。接着从这则信息中，可以看出分为“集合时间”“比赛服装”与“其他提醒”三大项目，其中第三项“其他提醒”这句话太过抽象、不够具体，所以我根据提醒内容改成“携带物品”，在思维导图当中展开三个主要主题，分别是：集合—时间、地点与比赛服装，携带物品。

“集合—时间、地点”这一主题让我有一种管理的概念，采用带有冷静、控制意涵的海军蓝色系作为线条颜色；由于我们合唱团男生的上衣是粉红色，为了提醒自己当天别搞错，“比赛服装”这个类别的线条就采用粉红色，但领结、西裤、皮带、袜子与鞋子是黑色的，所以我把这几个小项目的线条改成黑色，让线条颜色与文字内容的意涵相呼应；“携带物品”很重要，不能有所遗漏，就采用带有正向思考、利益重要性的橙色。

此外，在“携带物品”以下的衣物，其实也包括“比赛服装”这一大项，因此我以一条橙色关联线从“衣物”指向“比赛服装”。最后，我在特别重要的信息附近加上插图（例如身份证），提醒自己要特别注意，千万别遗漏了。

当我把这张思维导图发到群组时，不少团员纷纷响应说：“这样好清楚呀！”立马收藏，作为出发前检核之用。

或许会有人担心万一没学过思维导图法的朋友，是否能看懂这则以思维导图呈现的信息。

其实不用太担心，思维导图法的规则之一就是主干线条上的主要主题，其文字大小与粗细，都要比支干上分支主题的文字略微大一点。因此，视觉上很自觉地会先从主要主题看起，再顺着线条往外阅读，很容易就可以看懂思维导图当中的内容。

延伸应用：**待办事项备忘录、会议讨论重点备忘录、演讲重点备忘录**

3
应用

数字数据管理

1982年，我正式踏入职场的第一份工作，就是服务于台湾中广公司器材组，听到这个单位的名称，你就可以知道数据管理是我的主要工作之一。

当时办公室有一面大墙，全部是密密麻麻的小抽屉，里面放着记录机器设备、零件备品进出日期与库存数量等数据的卡片。记得那时每日的上班情况，和今天有计算机辅助工作相比较，可说是效率低、出错率高，唯一的好处是不怕停电。

21世纪的今天，每个人的工作大概都离不开计算机，档案数据当然是以数字形式储存在硬盘中。为了有效管理与应用数字档案，首先要以固定的逻辑，有系统地为档案或文件夹命名，这决定了档案如何归档，以及方便日后搜寻；接着要将同性质档案集中储存，切莫随意存放，必须有“中央数据库”的概念，以树状的分类结构建立管理档案的架构；同时要注意，同一个档案不要在不同地方重复存放，以避免档案内容无法同步更新。

此外，倘若在不同的功能或文件夹之下，都可能使用到同一个档案，可以采用网状脉络的概念，以建立快捷方式的方式，存取同一个实体档案。最后，记得要定期进行文件备份。

思维导图法的应用技巧之一，就是以树状结构对信息予以分类，并以网状脉络的关联线条指出不同类别信息之间的重复性。至于具体的做法该如何进行，下面我们就以实际案例来为大家解说。

云端数据管理规划

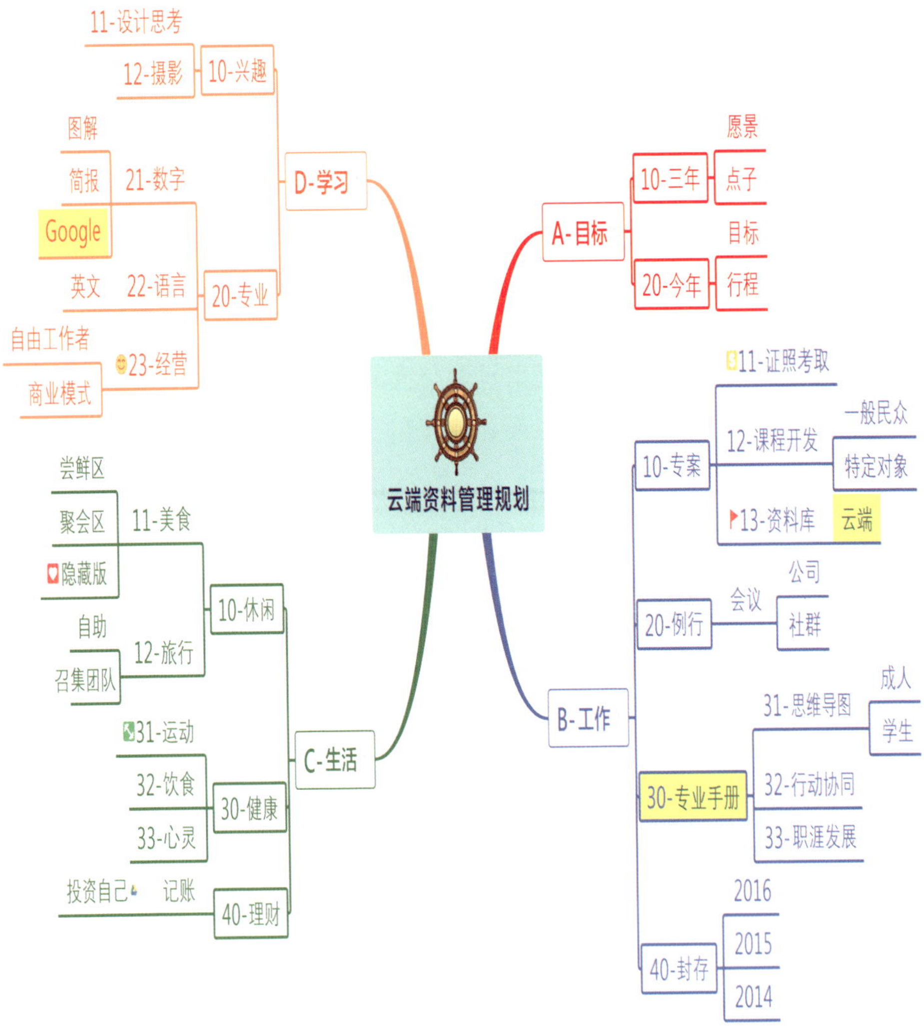

图 4-3 数据管理仪表板思维导图

蔡兴正

思维导图法专业讲师

孙易新思维导图法讲师班 23 期结业（2013 年）

"在哪里？到底在哪里！明明记得资料不是已经放到 U 盘中了吗？"

两天之后要到学习社群分享的小桂，因为找不到前阵子费时搜寻的资料存放在哪里，加上忘记之前收集数据的关键词是什么，而显得心浮气躁。

U 盘曾带给我们一段美好的时光与便捷，但随着科技时代的进步与演化、网络的发达，取而代之的是云端数据的数字管理，从"线下"工作逐渐转移至"在线"，移动数字工作术变成一种重要的能力。云端数据的好处是跨装置共享平台，随时可以进行资料的修正，然而为了提升工作的效能，避免迷失在庞大信息的浩瀚汪洋中，如何设计一张数据管理的架构图显得至为重要。

未来职场强调的是工作与生活平衡的概念，对于数字数据的管理，不该只是专注于工作，必须再加入学习与生活的思考角度，利用这三个面向进行展开，让自己的数据库形成网络，打破传统分柜储存的思维。

但要如何有效率地整理数据和档案呢？以我个人的经验是，要充分利用思维导图法的逻辑架构进行系统化的整理，先让自己清楚目前所拥有的知识库样貌。

而在绘制思维导图的过程中，会让想法先发散后再聚焦整合。在发散的过程中，推荐你可以利用思维导图软件工具（例如 XMind）或是以便利贴来进行发散与整理，具体操作步骤如下：

1. 绘制中心主题

中心主题是思维导图的核心，就像人体的心脏一样重要。这张数据管理架构图，能引领我快速找到数据所在位置，使我联想到航行设备的船舵可以控制船舶航行的方向与这张思维导图的核心目的相同，所以找到一张合适的图，将图片放置于中心主题，感觉很符合，也很切题。

2. 逻辑架构的形成

2.1. 发散联想：先利用自由联想的方式，将自己所能想到的内容，全部写在便利贴上或是用计算机键入，并且在过程中随时可以将想法做出分类。因为这个过程的主要目的是“创造数量”，可以设定发想时间，一直到自己想不出来为止。

2.2. 逻辑收敛：上一步骤的思维导图所呈现出来的信息，是比较没有架构与逻辑性的，我们可以利用分类或堆栈的方式，将所有项目进行比较具结构化的分类，例如在这个案例中，总共分为目标、工作、生活、学习四大类。而从图中可以看出这四大类的下一位阶也清楚地展开了。

3. 善用色彩进行区分使用

色彩主要能让我在进行区分时，看出不同主题之间的差异化，同时表达我内心的感受。在这四大分类中，“目标”我用的是红色，表示要对目标富有热情，不断地向自己的目标前进。“工作”则是选用蓝色，有一步一脚印的意涵，提醒自己在执行过程中要考虑到逻辑与顺序性。而“生活”用的是绿色，宛如躺在大地草原上休憩，舒服自在地享受。最后，“学习”这个分类，我选择用橙色，象征快乐与幸福的感觉，活到老，学到老，使工作与生活达到平衡。

4. 树状编码

数据管理仪表板思维导图是文件夹的架构图，为了要在开启文件夹时，顺序能与思维导图所呈现出来的相同，而进行编码。以“工作”区来思考，下一阶为专案、例行、专业手册与封存，此阶每个项目以 10-40 作为编码，接续 10- 项目的下一阶，再以 11- 证照考取、12- 课程开发、13- 资料库代表三个项目，如此档案编码一致，可以帮助我们在整理资料时建立整齐的架构。

5. 网状联结

在这张数据管理仪表板思维导图上，你是否有发现，B- 工作区中，10- 项目内的云端与 30- 专业手册的底色皆为黄色，且同时于 D- 学习区后，20- 项目中的 Google 也加入了黄色底。这代表的是什么意义呢？——“今年要将专业手册进行云端化，云端化所使用的平台，正是 Google。”像这样加入底色表示，在俯瞰整张思维导图时，强化彼此关联性的联结。

6. 重点提醒

在工作方面，将 B- 工作区中的 11- 证照考取加入“$”符号，希望能借由考取证照，让自己的功力有所累积并更上一层楼，带来收入的提升与稳定。

在生活方面，于 C- 生活区中 11- 美食以下的隐藏版美食，加入爱心符号，主要希望能款待好友，与家人增进情感交流。在运动方面，31- 运动也加了一个小图示，列表提醒自己运动量不足，要多动、多练习。最后，在学习方面，于 20- 专业中强调刻意学习是重要的经营模式，以笑脸符号期许自己作为一个自由的专业者。

7. 文件夹的超链接

将这张数据管理仪表板思维导图，利用超链接的方式，与文件夹进行联结。想要编辑数据时，只要点选思维导图上的超链接，即可开启文件夹；若要联结档案，亦是相同的方式。有关思维导图软件操作，请参考《零基础思维导图法》一书“附录②思维导图软件操作简介”中的详细介绍。

云端数据管理，并不是将所有档案放到云端即可，真正目的在于通过思维导图法来帮助我们改造流程。云端数据库，可以让我们不受地点与时间的限制，随时读取、存放与修改数据，因此更需要打造成系统化的数据库，以别于过去只是在单一计算机或载具储存数据，才能最大限度地提高工作与学习效率，并且落实到生活应用中。

这张数据管理仪表板思维导图清楚地列出了数据库的结构，将来若是需要进行知识升级时，不论是除旧（除旧知识）或布新（新增知识），一切的知识尽在你的掌握，就只需要一张纸即可纵观全貌。

孙易新老师点评

思维导图法关键词运用的原则是一线一词，而兴正这张构思云端数据管理规划的思维导图，基本都有掌握这个技巧，但也看到若干地方有两个语词出现在一个线条上，如果它是不可分割的概念（例如专有名词：思维导图法）是可以被接受的，但如果不是的话，建议尽量还是拆解成一个关键词。

例如，B- 工作区中的 10- 项目以下，有一个“课程开发”，如果拆解成“课程”和“开发”，则可能从“课程”再延展出“销售”

等，让结构更加缜密。

此外，兴正这张思维导图有一个地方是值得大家学习的，就是将平面二维的思维导图变成三维的立体概念。不知道你是否有注意到这点了？就是在 10- 项目内的云端与 30- 专业手册，以及 20- 项目中的 Google，都是采用黄色的底色。

像这样的表现手法，除了代表这三个概念彼此有共同的关系，也表达了这张思维导图在平面四大主题内容中另一个思考的维度，这是一种思维导图法的进阶应用技巧！

延伸应用：规划管理 Evernote 记事本、归类整理手机（平板）App

4
应用

资源管理

解决问题的能力之一，就是有效地管理资源。企业资源的分类方式大致有内部资源—外部资源、有形资源—无形资源两种。

内部资源包括了人力、财力、信息、技术、管理、内部环境等资源；外部资源则包括行业、产业、市场、外部环境等资源。有形资源主要是财务和实体物品的资源；无形资源包括时间、空间、信息、技术、品牌、文化和管理资源等。然而随着经济发展与社会的变迁，资源分类的界限也越来越模糊，唯一不变的是，有效地整合资源，让资源发挥最大效益，是企业管理的核心工作。

为了让读者了解思维导图法如何应用到我们的日常生活当中，进行资源的规划管理，以下这个案例将逐步解说构思与绘制的过程，让大家有个参考的依据。

夏令营物资清单

陈君

思维导图法专业讲师

孙易新思维导图法讲师班 31 期结业（2017 年）

之前举办过几次夏令集训营，出发之前，每个人都认为自己带齐了所有的东西，可是每一次到现场都发现有东西没带全，然后就要现场安排后勤老师去采买，搞得后勤老师很有意见，可见靠平时用的清单列表不能解决这个问题。于是，在第三次集训准备期，我就改用思维导图来整理携带物品清单，发现效果挺好的。在此与大家分享我是怎么完成的。

在绘制之前，我原本按照职位来进行分类，但很快就发现，讲师、助教、DJ、营长、采购等分类，实在是太多了，而且带的很多东西有交叉。于是我进行了第二次分类，分成室内和室外，依教学地点的不同来进行梳理，这时却又发现，分类过于笼统、不明晰。第三次改以集训营的几大块职能来分类，分成了会务组、宣传组、后勤组和课程组。这样就涵盖了所有的部分。

图 4-4a-1 夏令营物资清单：职能分类

会务组这个主干我选择了橙色，因为橙色象征着热情，会务组的成员需要用满满的正能量去接待所有的学员和家长；宣传组我用了蓝色，这是大海的颜色，宣传要像大海一样气势磅礴；后勤组这条主干我用了绿色，因为后勤是我们的重要保障，绿色代表生命；最后的课程组，我用了红色，因为红色代表了重视，而课程组就是整个集训营最重要的部分。

确定四个主干上的主要类别之后，就是再次分类，我这一次就按照集训中的工作任务来进行分类，分成了接待、财务、DJ、VR、警卫、医务、物资、教务、课程。

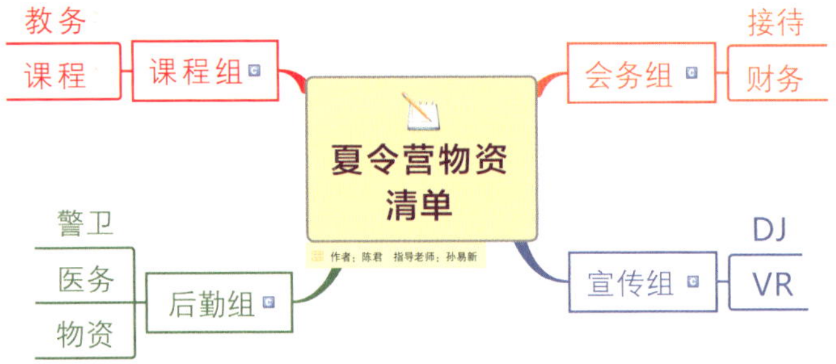

图 4-4a-2　夏令营物资清单：展开第二级分类

以集训营课程和各种活动推进的顺序，按照职能的框架，我完成了第一遍集训营物资的整理。宣传组这块，之前总是忘记带电源线，而这次依照思维导图法的思路，把 DJ 的硬件分为设备和配件，这样自然在配件之下就会想到要带电源线了。

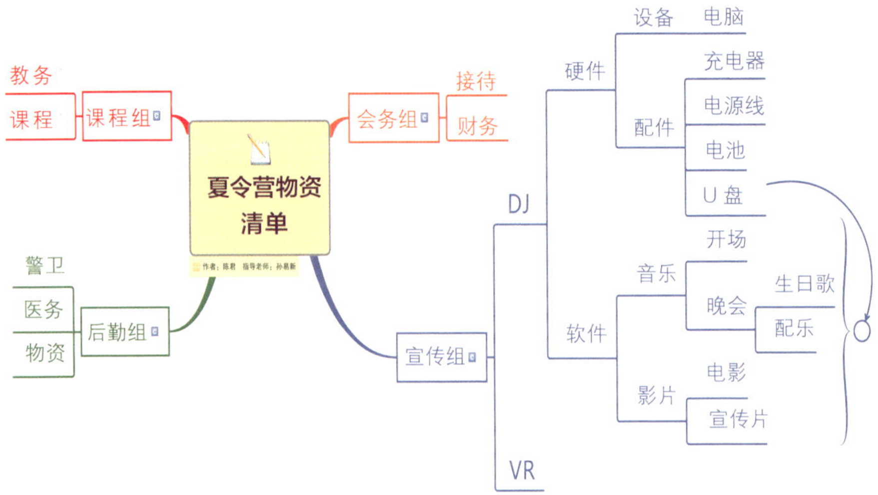

图 4-4a-3　夏令营物资清单：避免遗漏事项（1）

另外，药品这块，之前带药品总是想到什么带什么，这次分为外用和内服之后，就自然而然地想到要带些喉糖，预防老师上课用嗓过度不舒服。

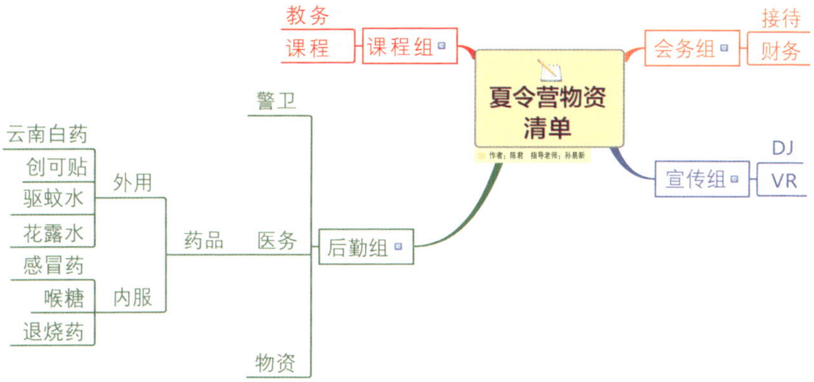

图 4-4a-4　夏令营物资清单：避免遗漏事项（2）

最重要的就是讲师上课这块，所需要的东西非常多，其中“课程”分得比较细，分成了教学、拓展、游戏、活动、感恩课、结营。经过逐一梳理，在头脑中过一遍场景，将需要的东西分类整理，就会清清楚楚。最复杂的“教学”又包括讲师、助教和教官三个部分，每个人各司其职，所需要的东西也就很清晰了。

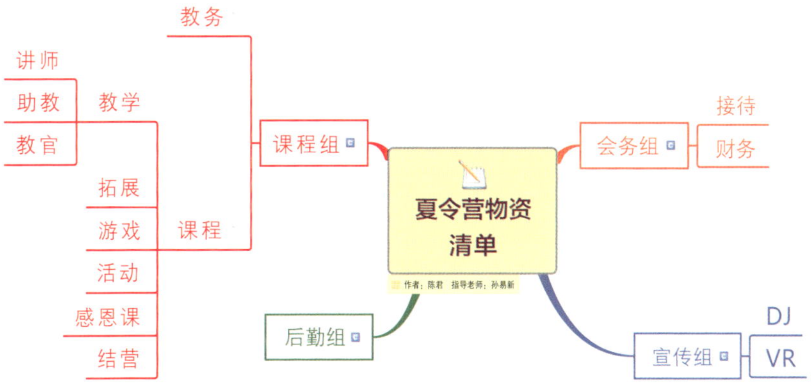

图 4-4a-5　夏令营物资清单：以场景进行检核

最后，我进行了第二遍检核。在检核的过程中，我把之前出现遗漏的，和一些重要的东西加上了插图，再次提醒自己要记得带。比如电源线我加了个五角星，因为之前两次都忘记带；还有 U 盘，这是很重要的，不管是讲师或 DJ 都需要拷贝自己的东西在 U 盘里播放给学生看；蛋糕上面加了插图，因为蛋糕是晚会中非常重要的一个环节；叉子部分加插图，则是因为之前活动中叉子数量不够，导致部分学生只能像小猫咪一样舔食蛋糕……

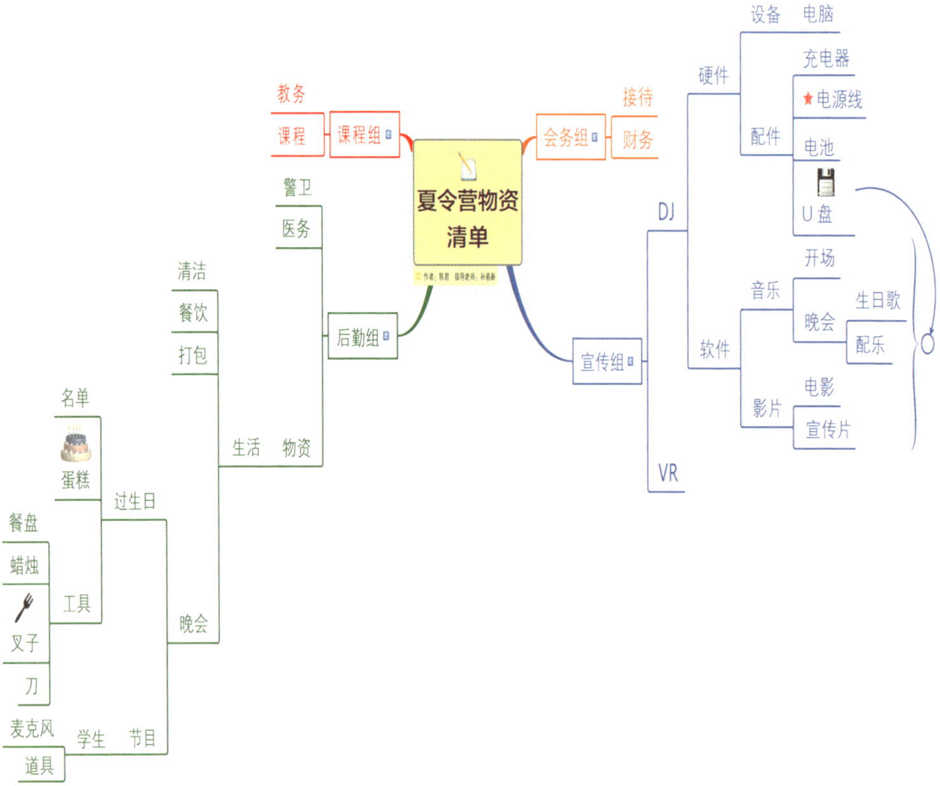

图 4-4a-6　夏令营物资清单：重要事项加插图

通过一张思维导图，让我很清晰也很轻松地整理出所有需要带的物资，而且可以保存下来，以后办集训营都能拿出来用，方便又省时。最重要的是，我不用再每次办营队前都要亲自培训，我的老师们可以根据这张思维导图，安排好他们自己的工作和需要带的东西，也没有再出现要后勤老师临时跑出去采买的情况。一张小小的思维导图，却给工作提供了大大的便利，真的是好处说不完哪！

孙易新老师点评

逻辑分类是思维导图法很关键的要素，可以让我们快速找到所需要的信息。分类方式可以是依照任务目的性，也可依照事物的特征属性，究竟我们该采取哪种分类，得先厘清或确认这张思维导图的目的何在，希望它给你带来什么样的帮助。思维导图呈现出我们心智的思维模式，也能帮助我们厘清思路。

从陈君的思维导图与说明中，我们可以窥知其构思的心路历程。当思绪改变，思维导图的结构也随之改变；同样地，改变了思维导图的结构，整个思维框架也会跟着变，就在这样来来回回的过程中，不仅当下的想法源源不绝地展开，日后要增补内容也会方便许多。

最后我们以思维导图法的原则进行事物的检核时，亦可快速看出不合逻辑或有待厘清的问题点。例如，“宣传组→ DJ →硬件→配件→电池→麦克风”这个路径中，我就产生了一个疑问，电池之下怎么会出现“麦克风”这个东西？是配件中得携带电池与麦克风，还是要携带麦克风的电池？因此陈君将“麦克风”移到后勤组的物资项下。而如果以传统条列式制作清单，恐怕是不容易发现这个问题的。

延伸应用：财务管理、库存管理、采购管理

5
应用

职涯规划

或许我们都听过，要从事自己热爱的工作，寻找工作的热情，但这是唯一或主要的考虑吗？

三十年前，潜能激发的课程在台湾非常盛行，热爱学习的我，当然也参加了培训。课堂中激励大师不断告诉我们，我们拥有无限潜能，每一个人都可以赚大钱，我被现场营造的气氛所感染，不仅当场痛哭流涕，回家后立即辞去一直让我感觉枯燥乏味、升迁无望的工作（一家半官方机构），转而投入业务营销的行列，梦想成为百万业绩的 Top Sales。但是我高估了自己的能力……

当时的我，根本不懂营销，也不会推销，只凭着一股热情就贸然下决定，而忘了思考工作的动机，以及所需具备的技能，因而落得铩羽而归。

因此，当我们在从事职涯规划时，必须先厘清：

你真的是对未来的工作充满热情，还是只是厌倦了目前的工作？

你理想生活的蓝图里，工作扮演什么样的角色？

你已经具备的技能、正在培养中和希望加强的技能有哪些？

面对工作与家庭之间的冲突时，你可以忍受的牺牲程度为何？

以下，我们以一个实际的生活案例做示范，期盼大家不要重蹈我的覆辙。

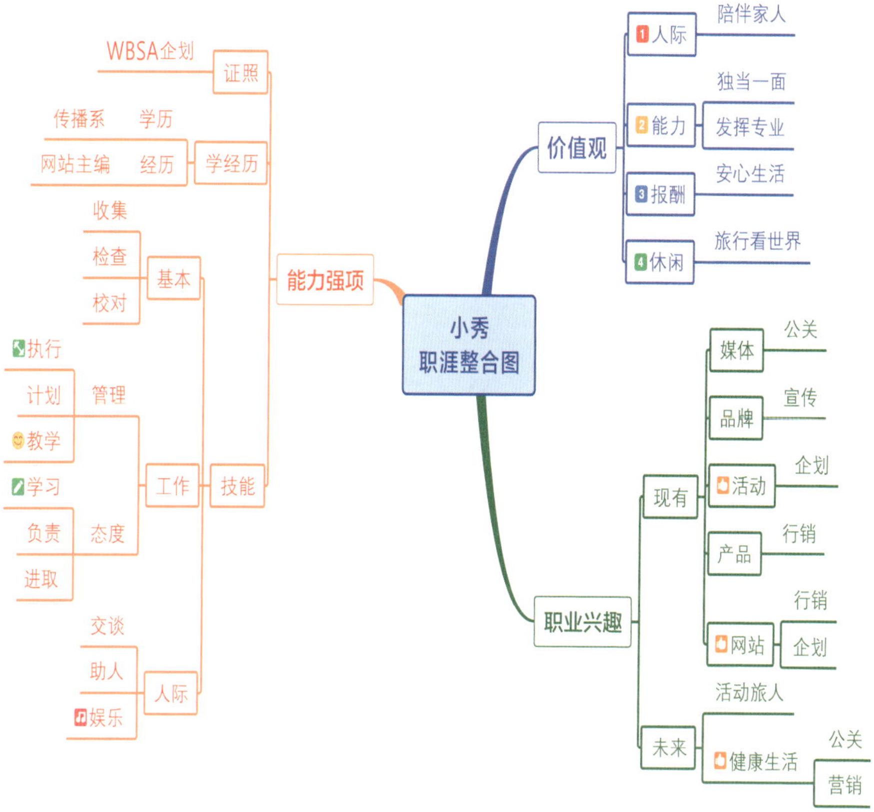

图 4-5　能力盘点与职业生涯规划

蔡兴正

思维导图法专业讲师

孙易新思维导图法讲师班 23 期结业（2013 年）

周五的夜晚，小秀与同事聚餐之后道别，隔日是周末假期，但心情却不如以往，有着一点点忧愁。

小秀即将离职转换跑道，面对未来的工作，心中多了一份焦虑。她从事网站主编的工作已将近三年，面对未来的职场，并没有因工作的熟悉度而展现出自信，反而因为世界正在快速转变，对自己的未来迷惘加深，却不知该如何有效地思考。

面对未来职业生涯该如何规划，一般而言，可以从三个面向来进行，称为“职业生涯的金三角”，三个要素分别为价值观、职业兴趣与能力强项。这三个面向，要考虑的内容有很多，如何思考？这时候可以利用思维导图来进行整合思绪，在发散思考的同时，兼具逻辑性的整合，以小秀的个人职业生涯规划为案例，我以思维导图协助她厘清自己的职业生涯金三角。

原本对职业生涯下一步不知所措的小秀，在完成这张思维导图（图4-5）后发现未来并不可怕，重点是在整理过自己的资源之后，更进一步了解自己的能力，以及自我对未来的期许。手中的思维导图就像是一张领航图，心中的感觉就如同在海上航行，看见灯塔所射出的光芒，为职业生涯梦想指引前进。在放下焦虑后，将重心全力投入实践的过程中，相信小秀很快就会达到她理想中的人生。

孙易新老师点评

不少初学思维导图法的朋友，最常出现的问题就是写出中心主题之后，接下来就不知该如何展开第一阶层的类别项目或主要方向。

其实大家不必那么焦虑，我们只要从既有的常用方法着手，就可以顺利开展延伸出去。例如：活动计划采用“5W2H”七个构面、外在环境因素分析采用“PEST”四个方向、内在自我分析则采用

“SWOT”四个主题等。

兴正这张思维导图的目的，是想要协助他的朋友进行职业生涯规划，于是脑海中立即浮现职业生涯金三角的三个能力盘点议题。从这个案例我们可以清楚地知道，思维导图只是一种可视化的工具，倘若缺乏管理学上的知识背景或实务经验，恐怕难以选择适合的模块结构来展开脑中的想法，最后“画出”的思维导图，其价值也将大打折扣。

什么样的情境脉络，得采用哪一种结构模式，我们认真仔细思考这件事情的过程，就是思维导图“法”。当我们从脑袋中找不到合适的模式或方法时，会进一步从专业网站或书本中去找答案，这更是思维导图法的真谛。

也就是说，思维导图法不仅仅是把脑中的想法呈现出来，更要具有引领进一步思考的功能。这才是我们一直强调的，思维导图法是一种提升思考力与学习力的方法！

延伸应用：创业计划、升学进修、养老计划

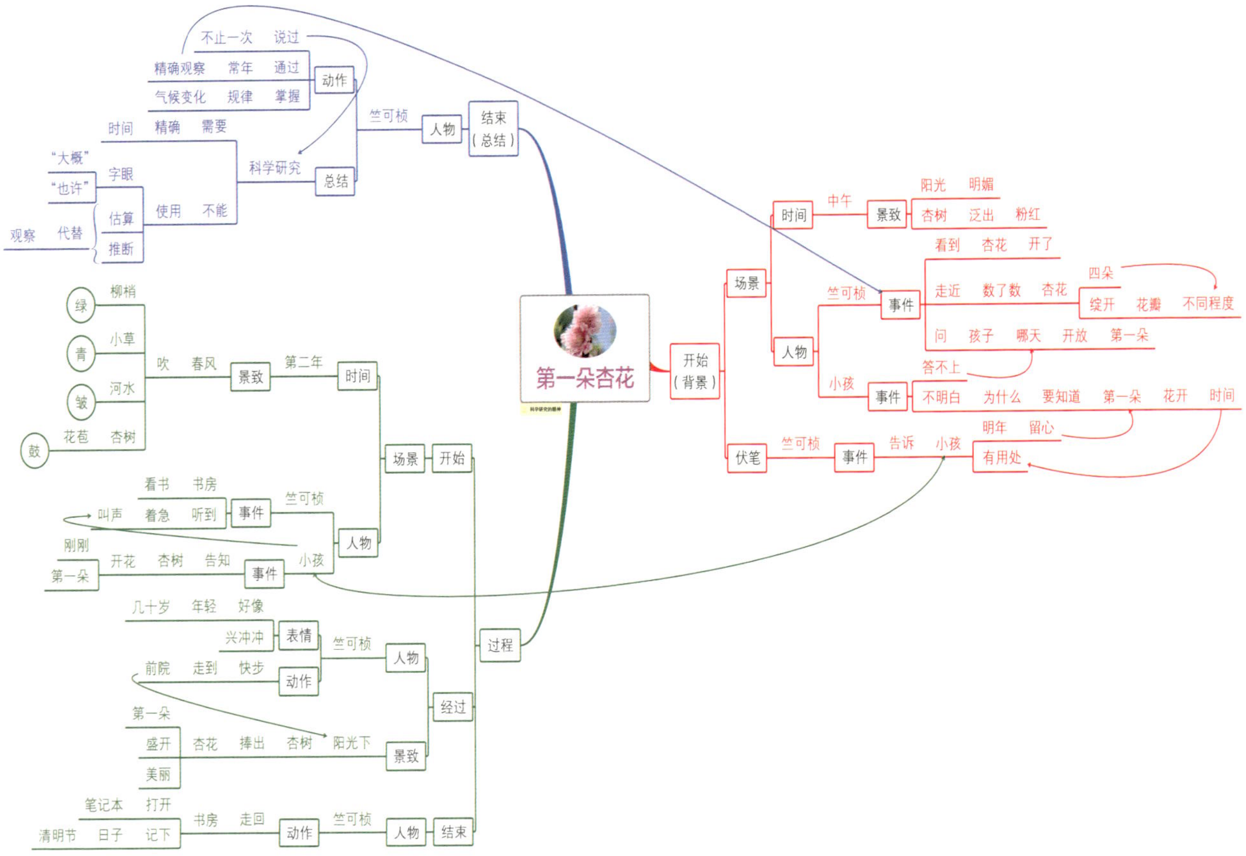

图 4-6a 语文：教学应用《第一朵杏花》

6
应用

教学备课：语文、英语与数学

学科中的语文、英语、数学如何整理成思维导图笔记，这是许多老师与学生共同的困惑。大多数人都认为历史、地理等学科最容易整理成思维导图笔记，其次是语文，最不知如何着手的是理科的数学、物理、化学等。这是因为历史、地理等学科的知识，从课文内容的文字描述即可达到文意上的理解；至于理科的知识，光是从课本上的文字，恐怕都无从得知其所要表达的意涵，更遑论推论理解与逻辑思考的训练了。

我们都知道，语文是人类沟通交流、探索知识的基本工具，语文没打好基础，学习其他科目就倍显艰辛。然而，将思维导图法融入语文课指导学生学习，和一般学生自己整理思维导图学习笔记是有些差异的，必须根据教学目标和文章内容结构，做出更具系统化与结构性的分类层次。

以小学语文《第一朵杏花》这篇课文，绘制的本书第 194 页这张思维导图（图 4–6a）为例，为了让学生理解故事的发展阶段，我将课文分出三个大的意义段，分别是开始（背景）、过程与结束（总结），接着在每一个大的意义段当中，再以“人、事、时、地、物”或“表情、动作、景致”等区分出小的意义段，让学生更容易了解课文的结构与词语的运用，并以黑色字体表示，避免跟课文内容混淆。

当然，必要的话，也可以在思维导图当中注明文章所应用到的修辞技巧，相关案例可参阅《零基础思维导图法》书中的说明。

接着，我将进一步以几位英语、数学老师的教学案例，让大家一窥思维导图法在教学应用上的各种可能性，期望能带动更多的老师将思维导图法融入教学之中，特别是在英语、数学、物理、化学等学科的应用。

英语教学应用

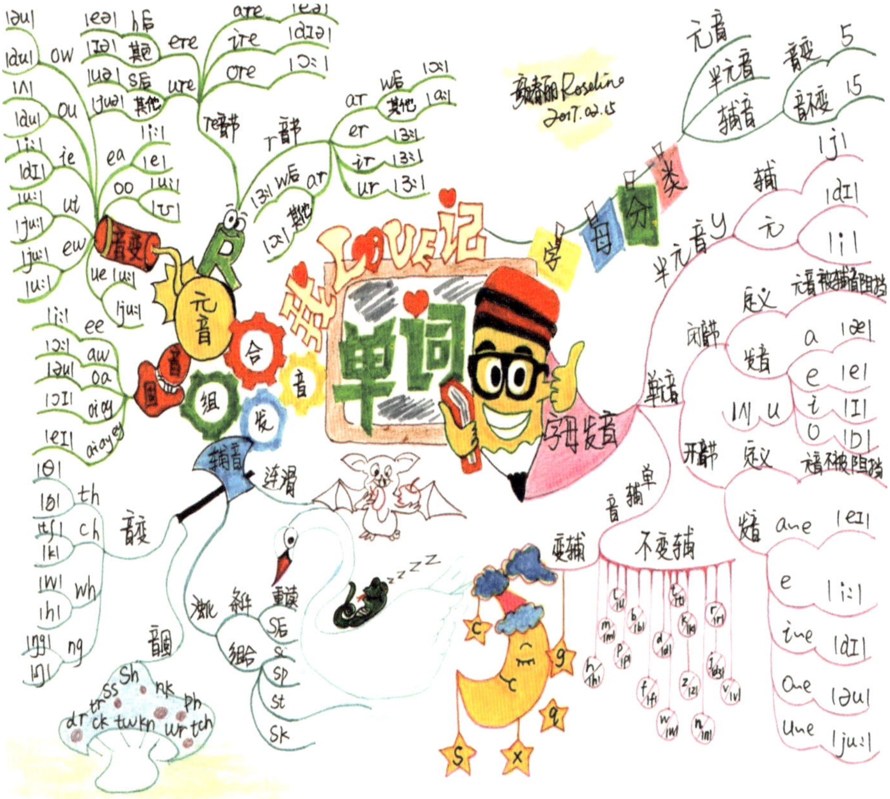

图 4-6b 英语：见词能读，听音能写

颜春丽

英语教学、思维导图法与快速记忆专业讲师

英语单词的识别、认读和记忆对孩子们来说，一直是比较困难的事情，一说到背单词，很多孩子除了机械式地背诵字母，并没有其他高效的方法，所以让孩子掌握“见词能读，听音能写”的自然拼读本领，是每一位英语教师首先要做的事情。

然而，英语单词作为表音文字，字母以及字母组合的发音系统烦琐，孩子们要掌握好并不简单，于是我带着他们利用思维导图把“自然发音法”（phonics），字母及字母组合的发音绘制出来，以便孩子们记忆与复习。

绘制思维导图的步骤如下：

1. 中心图像：我设计了“我爱记单词”这个主题，初衷就是让孩子们爱上记单词，所以我对文字也进行了设计。

心形的设计一方面是“爱”，另一方面是“用心”；“单词”这两个字放大的目的是说明这张思维导图要讲的是有关英文单词，而字体设计成绿色，也是想让孩子们感觉到一种能量，因为绿色象征着生命的焕发，我想让孩子们感受到拥有这种方法记忆单词会事半功倍，会给我们带来更多的自信心。

中心图像中的铅笔人抱着书，是因为这张思维导图包括了一整册书的内容，好记性不如烂笔头，我要告诉孩子的是我们不单单要记录下来，还要勤加练习。

2. 主干一：字母分类。选择了小夹子晾晒卡片的设计，不同颜色说明不同的分类。

3. 主干二：字母发音。单个字母在单字中的发音，颜色的选择主要区别于第一个主干。

4. 主干三：字母组合的发音规律。我把“组合”图像联想转换为四个组合转动的齿轮。

经过绘制思维导图的过程，我们就可以协助孩子把整册书的知识脉络理得非常清楚，而且里面的插图可直接帮助孩子们把知识点都记住。思维导图的绘制不仅提高了课堂效率，同时给孩子们带来了成就感，让孩子学习英语的兴趣越来越高。

孙易新老师点评

相信学过英语的朋友一定阅读过不少文法与发音的书，书中内容除了以条列大纲的方式呈现，就是一片白纸写黑字，特别是文法的书。这是符合大脑吸收信息的自然方式吗？恐怕大家看不到几行就想放弃了吧。

春丽为了帮助孩子学习英语，以充满创意的图像与逻辑结构的分类，将枯燥的文字内容转化成吸引注意力的思维导图，难怪会让孩子们爱上学习英语。

不过从这张思维导图当中，我们也看到一些初学者常会出现的小缺失，就是文字书写的方向必须保持一致性，不可以有些地方由左向右，有些地方由右到左。英文书写方向一律是由左向右，中文原本是从上到下、由右到左，但近年来西化的结果，横版书皆采用与英语相同的由左向右，大家也习惯了这种阅读方式，因此在思维导图中文字的书写也应采用由左向右为宜。

但是我从教学经验中发现，许多初学者在思维导图右边的树状结构是由左向右，但左边却变成由右到左书写，我可以理解他们是从中心向外书写，不过这会影响阅读时的正确性。

春丽这张思维导图的书写方式，大致上都还可以，只是在出现有斜度的线条时，似乎想从上到下书写，但又不够明显，反而看起来像是由右到左，例如右下方字母发音之下的“单辅音”。这虽然是小缺失，但如果以这张思维导图作为小朋友学英语的教学讲义，恐怕会造成孩子的误解。因此，请各位读者在绘制思维导图笔记时，务必注意到这点。

数学教学应用

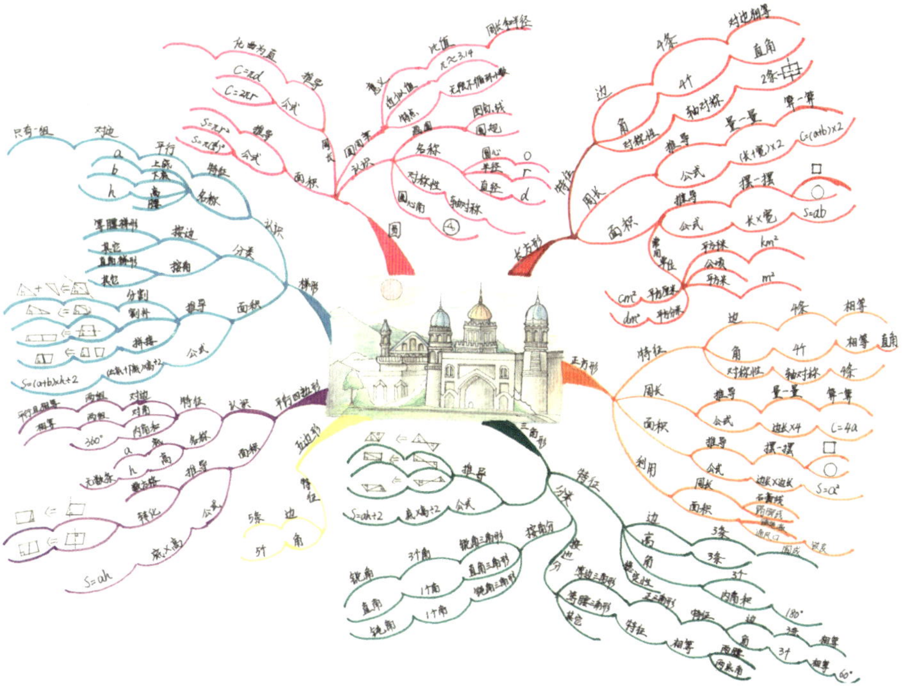

图 4-6c 数学：几何——让思维绽放理性的光芒

毕欣

青岛李沧区第二实验小学教师

山东思维导图法种子教师培训班结业（2016 年）

以前我很肤浅地认为，思维导图就只是一张图，是替代我们以前传统的线性笔记，把讲话的内容整理到一张图里，从而达到整理知识的目的。其实，当你真正懂思维导图法的时候，你才会发现事实并非如此。

思维导图法英文叫“Mind Mapping”，ing 意味着这种学习是动态的过程。这是把我们的思考内容用纸笔画出来的一个过程，而不仅仅是指那张静态的图。它是一种动态的思考方法，其精髓在于思维的构建过程，而图只是工具，是我们思维的呈现。在这个过程中，最重要是思考的方法，是一种经历思考的过程。

绘制思维导图有关键六部曲：**1. 确认核心关键词；2. 掌握大纲架构；3. 选择合适的颜色；4. 延伸内容细节；5. 思考彼此关联；6. 加入重点插图**。在过程中，我们不能忽略了思维导图法的核心，它强调的是逻辑结构和思维关系，这也是学习思维导图法最重要的目的。同时，我们不仅要注重树状结构，更要注重网状脉络，这是一种发散思维，在思考的过程，既要注意思维的发散，也要兼顾到思维的收敛。

我的几点心得是：1. 选择关键词的时候，以名词为主，动词次之，注意一线一词；2. 中心图是焦点，一定要主题突出，特点鲜明；3. 颜色的选择要与关键词相符，能准确表达词意；4. 思考彼此关联性特别重要，是提升思考力训练的关键；5. 重要的地方最后要再加上插图，以强化并提醒我们的注意力，一定要做到宁缺毋滥。

绘制这张思维导图的时候，我先是对于各种平面图形的知识进行整理与复习。在课前，找到要整理的平面图形——长方形、正方形、三角形、五边形、平行四边形、梯形和圆，然后思考应该从图形的特征（性质）、周长和面积几个大方面入手。

在画到“长方形”时，我选择了红色线条，因为红色是主色调，是表示基础，就像长方形在所有平面图形中的地位一样。接着我从特征、周长、面积入手，“特征”又分别从边、角和对称性进行整理分类；对于“周长”的整理，我是从推导与公式延伸，将整个过程清晰地呈现。而在整理长方形的“面积”时，我同样是从推导和公式两方面，把拼一拼、量一量的方式在推导这个过程中展示出来。

以此类推，我将正方形、三角形、五边形、平行四边形、梯形和圆也逐一进行整理。在整理“三角形”的时候，因为三角形的分类比较特殊，我做了一个专门的整理——“按角分”，分为直角三角形、锐角三角形、钝角三角形，又在后面分支做了具体的特征说明，这样整理起来更详细。

在整理梯形的“面积”时，也是从推导和公式两方面来分类整理。推导梯形面积时，用了分割、割补、拼接的方法，以图示来表示，更加清晰，一目了然，突出了知识之间的联系。

中心主图，我选的是一座宫殿，象征着知识殿堂，同时宫殿也是由很多不同的几何图形组成，也突出了这张思维导图的主题思想。

我在画这张思维导图时，首先将小学阶段所有平面图形的知识进行了梳理，让孩子们可以用一张图读懂小学阶段的平面图形知识。因此，我在带领学生一起整理复习的时候，每种平面图形的分类、知识的结构、知识之间的联系，都可以看得清清楚楚。大家借由这张图，进行回顾整理，加深了记忆。孩子们将头脑中杂乱无章的知识进行有序的分类，并且形成了自己的知识体系。

我想，要让思维导图法真正地在教学中运用，并且通过运用思维导图，孩子们能够得到切实的受益，我们就应该在实践中不断地使用，在使用中加深认识。当然，运用思维导图法最终的目的就是让孩子学会学习、爱上学习，因为，真正的学习是离开教室才刚刚开始的。

孙易新老师点评

毕欣这张思维导图，充分将思维导图法融入数学学科的几何教学之中，对于“几何”这个知识领域的梳理与理解，可以说起了很大的作用。

由于这张思维导图的内容包括各种几何平面图形的特征、周长、面积……所以内容颇为丰富，但也造成了阅读时知识量过大的无形压力，这种将大量内容整理在一张思维导图的方式，对于单纯的知识收集与整理，基本上是可以接受的，但若是对小学生进行教学，可以拆成若干张主题式的思维导图。例如，一张主架构思维导图是介绍各种几何的图形种类，接下来每一种几何图形分别整理成一张独立的思维导图，这样对知识的记忆才能产生加乘的效果。

很多学校老师都想将思维导图法融入学科教学之中，但往往不知如何着手，特别是数学这种充满抽象概念与逻辑推理的科目。我在思维导图法的课堂上，经常强调任何复杂的事物（学问）都可以分解为许多简单易懂的小知识，并以适宜的逻辑将这些小知识予以分类或归纳整理，再透过图解的方式将抽象概念具体化。任何学科的学习，都会成为一件有趣的事，这就是思维导图“法”。

以令许多中学生头疼的函数为例，我先用一个代表函数概念的图形作为思维导图的中心主题，这个图像基本上已经清楚点出函数的概念，然后从三个由浅入深的方向让学生认识函数。首先是认识函数的基本符号以及它们分别代表什么意思；接着了解数值、集合的关系，这时应可发现它们是从符号的部分，进一步对函数的概念做出加深、加广的说明；最后解说几个函数专有名词的意涵，并以一个图形表示函数的意义。

如果你原本数学就没学好，或忘记函数是什么，通过这张思维导图，是否了解函数的概念，并重新燃起学习数学的欲望呢？

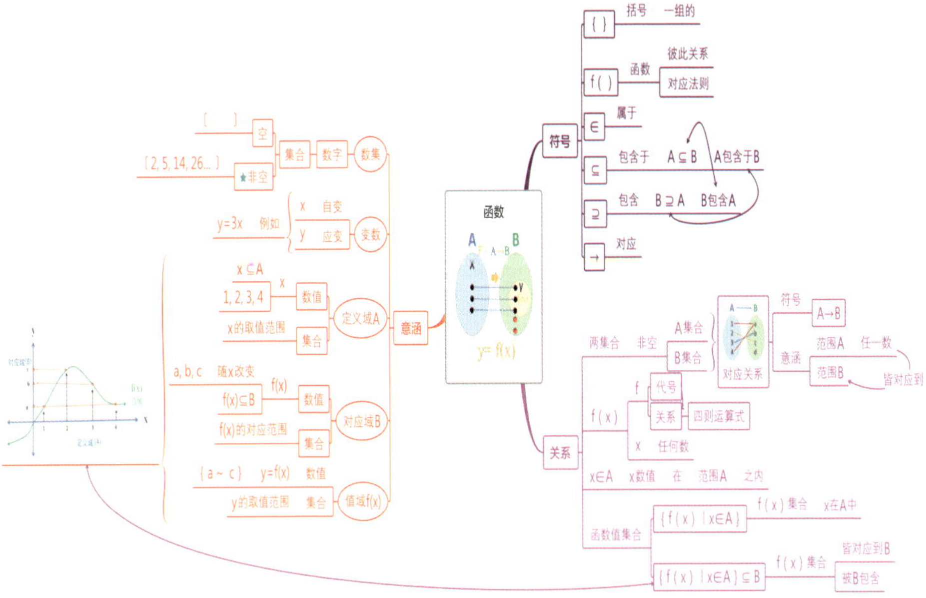

图 4-6d 数学：函数的概念

延伸应用：其他科目教学备课、教学活动设计

学习可以让生活不一样

模仿，是一种有效的学习方式，特别是含有技能操作学习的模仿，思维导图法即其中一种。

从本书的案例当中，相信对喜爱思维导图法的读者会有相当大的启示，特别是经过每张思维导图的作者详细说明思考与绘制的过程，让大家在模仿、练习时，可以有个参考依据。

因此，我建议大家依照以下三个阶段进行练习：

- **第一阶段**：完全依照书中的思维导图内容，模仿它的关键词、结构、颜色与插图。
- **第二阶段**：针对关键词与结构，开始做出必要的修正、调整，特别注意我在每篇最后做的点评，想一想，原作者是怎么思考、绘制的，如果要更好的话，在不违背思维导图法的原则之下，该怎么创新突破。
- **第三阶段**：可以针对书中的案例主题，以自己生活中的实际情况，重新选取关键词、安排结构、选择颜色与插图，一步一步完成属于自己、对自己有实际帮助的思维导图。

如果你对思维导图法的思维模式与绘制规则还不是很熟悉，建议可以搭配《零基础思维导图法》这本书一起阅读；如果你想要进一步了解思维导图法的缘起、理论与实务应用的准则，则可以参考《思维导图应用宝典》一书；**如果你想知道如何应用思维导图法帮助孩子提升思考力与学习力**，一定要阅读我与王心怡老师合著的《思维导图法：高效开发孩子的左右脑》；**如果你是中学生，想知道怎么将思维导图法应用在写作上**，我与梁容菁老师合著的《思维导图：快速提升写作力》是最佳选择；**如果你是职场人士，想了解思维导图法在不同的工作情境下**可以结合哪些管理策略，选择我与陈国钦老师合作出版的《思维导图：提升你的职场核心竞争力》就对了。

学习思维导图法，除了阅读书籍之外，还有影音多媒体的辅助教学，相信可以提升学习的效果。请在“网易云课堂”网站上搜寻“孙易新”的在线课程，总共有 68 个单元，在此推荐给大家。

如果大家也想通过线下实体课程，跟老师有面对面的互动讨论，经由老师的点评让自己能力更加精进，欢迎参加我们在各个城市所举办的专业认证班，详细开课信息请上网查询。

- “孙易新思维导图法”网址：www.mindmapping.com.tw

当然我也非常欢迎大家加入我们的讲师团队，一起在华人世界推广思维导图法，让更多的人因思维导图法而提升工作绩效，让读书学习成为愉快的体验！

孙易新

图书在版编目（CIP）数据

学一次用一辈子的思维导图 / 孙易新著. —北京：北京联合出版公司，2018.12
ISBN 978-7-5596-0786-7

Ⅰ. ①学… Ⅱ. ①孙… Ⅲ. ①思维方法－通俗读物 Ⅳ. ①B80-49

中国版本图书馆CIP数据核字（2018）第259698号

著作权合同登记 图字：01-2018-7878号

《心智图法的生活应用》
孙易新 著
本书由城邦文化事业股份有限公司【商周出版】同意将中文简体版权授权北京磨铁图书有限公司。
非经书面同意，不得以任何形式任意重制、转载。

学一次用一辈子的思维导图

作　　者：孙易新
责任编辑：牛炜征
特约监制：魏　玲　潘　良
产品经理：林展秋
特约编辑：张　艳

北京联合出版公司出版
（北京市西城区德外大街83号楼9层　100088）
北京市雅迪彩色印刷有限公司印刷　新华书店经销
字数135千字　700毫米×980毫米　1/16　13.5印张
2018年12月第1版　2018年12月第1次印刷
ISBN 978-7-5596-0786-7
定价：49.80元